# 福島原発事故と女たち——出会いをつなぐ

近藤和子
大橋由香子／編
大越京子／イラスト

梨の木舎

## はじめに

地震と津波、そして原発事故によって、いろいろなことが変わりました。それまでは見えづらかったものが、あらわにもなりました。新しいつながりもあれば、悲しい別れ、こんがらがってしまった関係もあるでしょう。

この本も、不思議な縁が重なって生まれました。2012年の初春、こう呼びかけました。

〈……多くのメディアが原発事故や「脱原発」を取り上げてきましたが、それらを読んでいても、なぜかもどかしく、心がざわつきます。満たされない気持ちについて語り、それはどうしてなのかを考えるなかで、この本を作ろうと私たちは考えました。「福島の女たち」という言葉にあちこちで遭遇します。にもかかわらず、女たちの個々の体験や気持ちは充分に伝えられていないのではないか。福島の地で暮らしている人、福島を離れた人、行き来している人、福島に思いを寄せている人たちを「福島の女たち」と一括りにしてしまうことで、見えなくなることがあるのではないか……。

大きく強いものが良しとされ差別によって成り立つ原発社会を問い直し、ゆっくりでいい、「弱いもの、小さいものの命を大切にする」暮らしをつくるために、皆さんの経験をぜひお寄せください〉

呼びかけに応えて原稿をよせてくださった皆さんと編者の思いを、読者と共有できれば幸いです。

大橋由香子

2012年9月

## 福島県

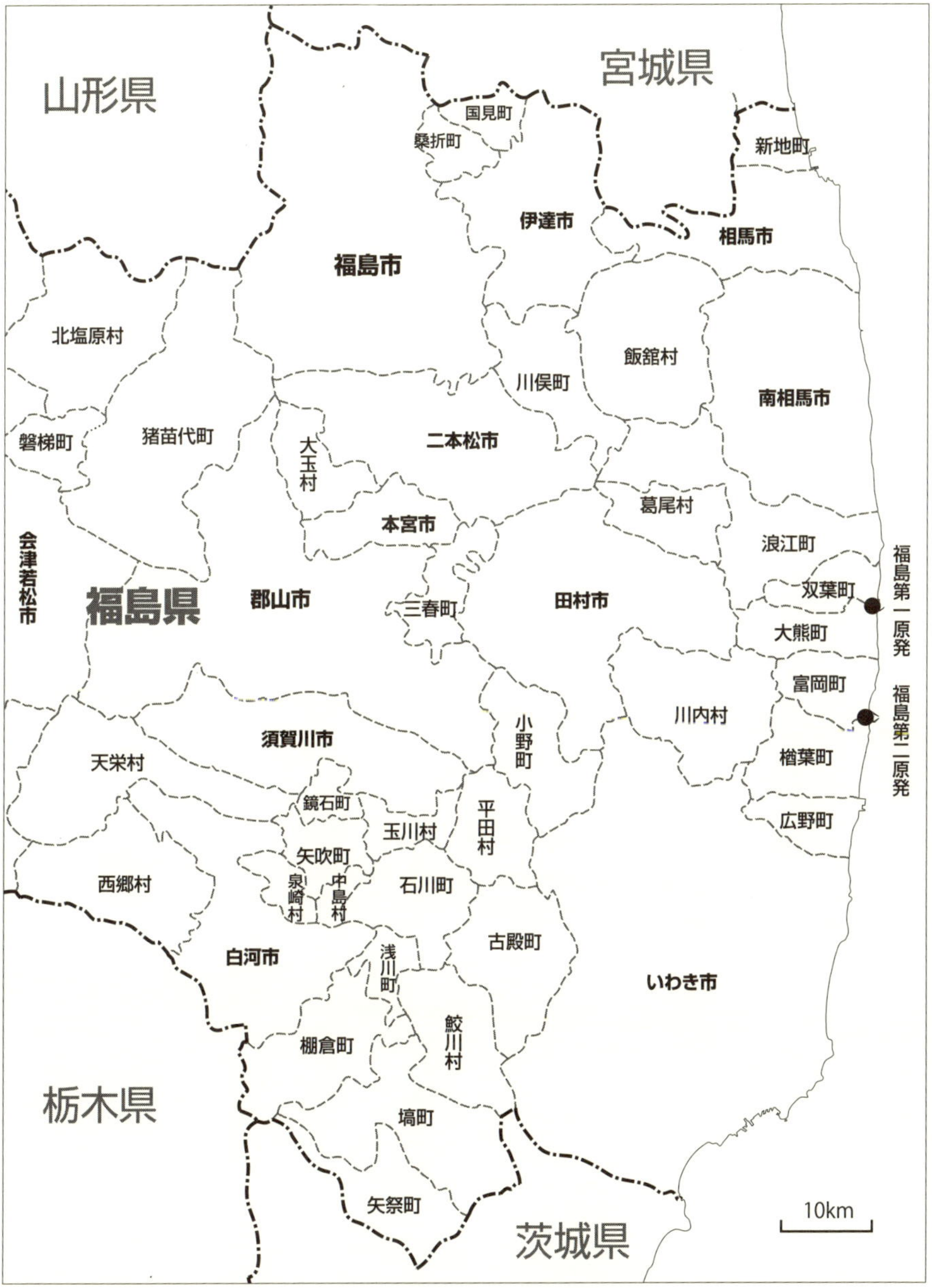


福島県は地形や気候、交通、文化などから３つの地域に別れる。太平洋と阿武隈高地にはさまれた「浜通り」（海側）、阿武隈高地と奥羽山脈にはさまれた「中通り」（JR 東北本線沿い）、西側の「会津」である。

目　次

## 2章 出会いをつなげる



**コラム・わすれられないコトバ**

1章扉写真・三春町雑木林©佐藤真弥

# 1章　2011年3月11日——福島から

# 3・11、見えないものに追われて

一條直子

## 3月11日、午後2時46分

私は職場にいた。ゆっくりと、でも突き上げるような縦揺れに「あれ?」と思った次の瞬間、大きな横揺れが来た。みんなで外の駐車場へ逃げる。足元に響く不気味な重低音。揺れは収まる様子がない。大きな揺れが次から次と襲ってきた。もうダメなのか……、頭をよぎるのは、家にいるであろう母、そして2匹の猫のことだった。

やっと揺れが収まった瞬間、まるで夕方のように空が真っ暗になり、目の前が見えないくらいの猛吹雪になった。怖さを感じている余裕などなかった。車のエンジンをかけた時には、家族の安否を知りたいという思いだけで体が震え、涙があふれてきそうだった。住宅街の狭い道路には、落ちた瓦や倒れた塀が散らばっていた。自分の家は大丈夫だろうか? 祈るような気持ちで路地を曲がると、よかった! まだ建っていた。家には、一足先に夫が戻ってきていた。母も猫たちも、近所の人びとも無事だ!

いちじょう　なおこ
福島県郡山市生まれ。3月11日の震災当日まで、郡山市に住んでいました。3・11の夜に母、ブラジル人の夫、猫2匹とともに実家を離れ、車で1週間かけて鳥取県・大山町へ避難。大山町に2カ月間の避難生活の後、現在は、夫、猫2匹と共にブラジルのゴイアス州・リオ・ヴェルデに住んでいます。

幼稚園で働いていた夫は、子どもたちの送迎に付き添うため、職場に戻った。余震が続き危険なので、私は、母と猫を車に乗せ、近くのスーパーの駐車場の真ん中に停めた。友人の武藤類子さんに電話をかけた。余震で揺れる車内で、何度も何度も電話をして、やっと繋がった。お互いの無事を確認すると、武藤さんが言った。

「原発は大丈夫だろうか？」

福島第一原発から約40キロの三春町に住む武藤さんは、チェルノブイリの事故以来、福島県内で、ずっと脱原発運動を続けていた。私が武藤さんと知り合ったのも、彼女たちが立ち上げた「脱原発福島ネットワーク」がきっかけだった。2010年8月、佐藤雄平福島県知事がプルサーマル導入受け入れを正式に表明した際、武藤さんは、「沈黙のアピール」（福島市に住む佐々木慶子さん主催のプルサーマルの受け入れ撤回を求めた抗議行動。県内外の仲間が毎日、申し入れ書を持参し、県庁前に集まった）の呼びかけ人の一人となり、県庁前に立った。

車のラジオから流れるニュースでは「福島第一原発は、制御棒が入り緊急停止した」と告げていた。が、それですむのだろうか？　とにかく、ニュースに注意しようということで電話を切り、自宅へ戻った。

19時過ぎ、夫が帰宅。幸いにも自宅は、水もガスも止まることなく、停電も解除されていたので、冷蔵庫にある食材で簡単に夕食を済ませることにした。余震は続いている。テレビは、太平洋岸を襲った津波の映像であふれていた。陸前高田町――壊滅状態。南三陸町――ほぼ壊滅状況。南相馬市――壊滅的被害……。「壊滅」という言葉が繰り返し放送されている。町が、村が「壊滅」？　わずか50～60キロ先の町や村も大変なことになっている。

## 冷却水が入らない

20時を回った頃だったと思う。繰り返し流されていた津波の画面が途切れ、地方局のキャスターが最新ニュースを告げた。

「福島第一原発では、原子炉に冷却水が入らない状況が続いています」

頭が真っ白になった。信じられなかった。信じたくなかった。

これはまずいぞ！「続いている」ってことは、第一報を聞き逃したんだ！もう、夕飯など食べている暇はない。私は、家族に言った。

「今すぐ、ここから出よう！原発から1メートルでも遠く離れなくちゃ！」

もう少し様子を見たいという夫。何が起こっているのか分からず戸惑いながら、夕飯のテーブルを片づける母。私は、猫を捕まえキャリーバックに入れ、猫用のトイレと餌を車に運んだ。観念した夫が、非常時のために用意しておいたペットボトルの水1箱、懐中電灯2本、電池、携帯ラジオ2台、使い捨てカイロ、寝袋と毛布数枚、水筒2本、そして、目に入った菓子類、果物を車に積んでくれた。車で15分ほどの弟夫婦の家に向かい状況を説明すると、すぐに同行を承諾してくれた。夫の車に母と猫、私の車に弟夫婦が乗り込む。地震直後に電話が通じた武藤さんに再度電話をすると、すでに三春町を離れていた。身近な友人たちに、すぐに町を出るよう声をかけてきたという。猪苗代町を抜け、会津方面へ向かっているが、降り出した雪が道路に積もり始めているとのこと。これから山を越えるのは危険との判断で、私は、那須方面へ向かうことにした。

「原発に何も起こらなかったら、また郡山に引き返せばいいんだ」。そう自分に言い聞かせ、ガソリンを満タンにした。

地震の影響で通行止めも出ていたので、高速道路は使わず国道を南下した。福島を出ようとする車で混雑しているかもしれない。原発に何かあった時、渋滞に巻き込まれたら致命的だ。そんな私の心配は見事に外れ、国道4号線はガラガラだった。友人たちは、どうしているだろう？家を出てから、初めて我に返った瞬間だった。郡山を出て須賀川市に差し掛かると、道路には地震によるひび割れや陥没が目立ってきた。車の速度が上げられない。ラジオからは、何度も何度も地震速報の警報が鳴った。早く福島を抜けたい。後ろから、目には見えないものに追いかけられているような気分で、鏡石、矢吹、泉崎、白河を通り、栃木県・那須塩原の標識が見えてきたのは、翌12日の朝方3時頃だった。みんなでコンビニの駐車場で仮眠をとることにして、私は郡山にいる友人たちにメールを送った。

「原発が危ないです。郡山を出て！」

## 1号機建屋の天井が吹き飛んだ

コンビニの駐車場は寒かった。背中に使い捨てカイロを貼り、寝袋に入る。上から毛布をかけてもエアコンを止めた車内は、かなり冷えた。次は、いつ給油できるか分からなかったので、エンジンはかけたくない。空が明るくなり始めた午前6時過ぎ、郡山へ引き返すと言い出した夫を「あと1日だけ様子を見てほしい」と説得し、宇都宮へ向かった。途中、朝食を買いに立ち寄ったコンビニは長蛇の列。地震による停電が復旧せず、店員さんは計算機を使っていた。棚には乾きもののおつまみ類を残し、食事になるようなものは、ほとんどない。あきらめかけた瞬間、店の隅に、届いたまま放置されていたお惣菜のケースを発見。なんとか大人5人分のおにぎりとパン、コーヒーを確保できた。
11日の地震で震度6強を記録していた宇都宮市には、避難所が設けられていた。市役所に行き、原発の動向が心配で夜のうちに郡山を出てきたこと、高齢の母が一緒だということを告げると、すぐに近くの中学校に案内してくれた。市役所で駐車場の警備をしていたおじさんは、親戚が石巻に住んでいて、まだ連絡が取れていないという。

家族用、女性用、男性用と分けられた教室には、それぞれに大画面のテレビが備え付けてある。同じ教室に避難していた宇都宮市内の親子は、阪神大震災でも被災し、仕事の関係で宇都宮に移ってきたと言っていた。15時半頃、疲れて横になる母の隣でテレビを見ていた私は、自分の目を疑った。1号機と思われる建屋の天井部分が吹き飛んで、鉄骨だけになっている。急いで避難所担当者を探し、窓を閉め、エアコンを止めるようお願いした。

教室のテレビでは1日中、ずっと原発の様子が流れていた。「放射性物質は、今、どこまで来ているのだろう?」 体は疲れているのに、なかなか眠ることができない。郡山に住んでいる友人たちに電話をかけまくると、那須塩原でメールを送った友人と電話が繋がった。13日午前2時過ぎ、宇都宮の避難所に友人が到着。愛犬と一緒だった。

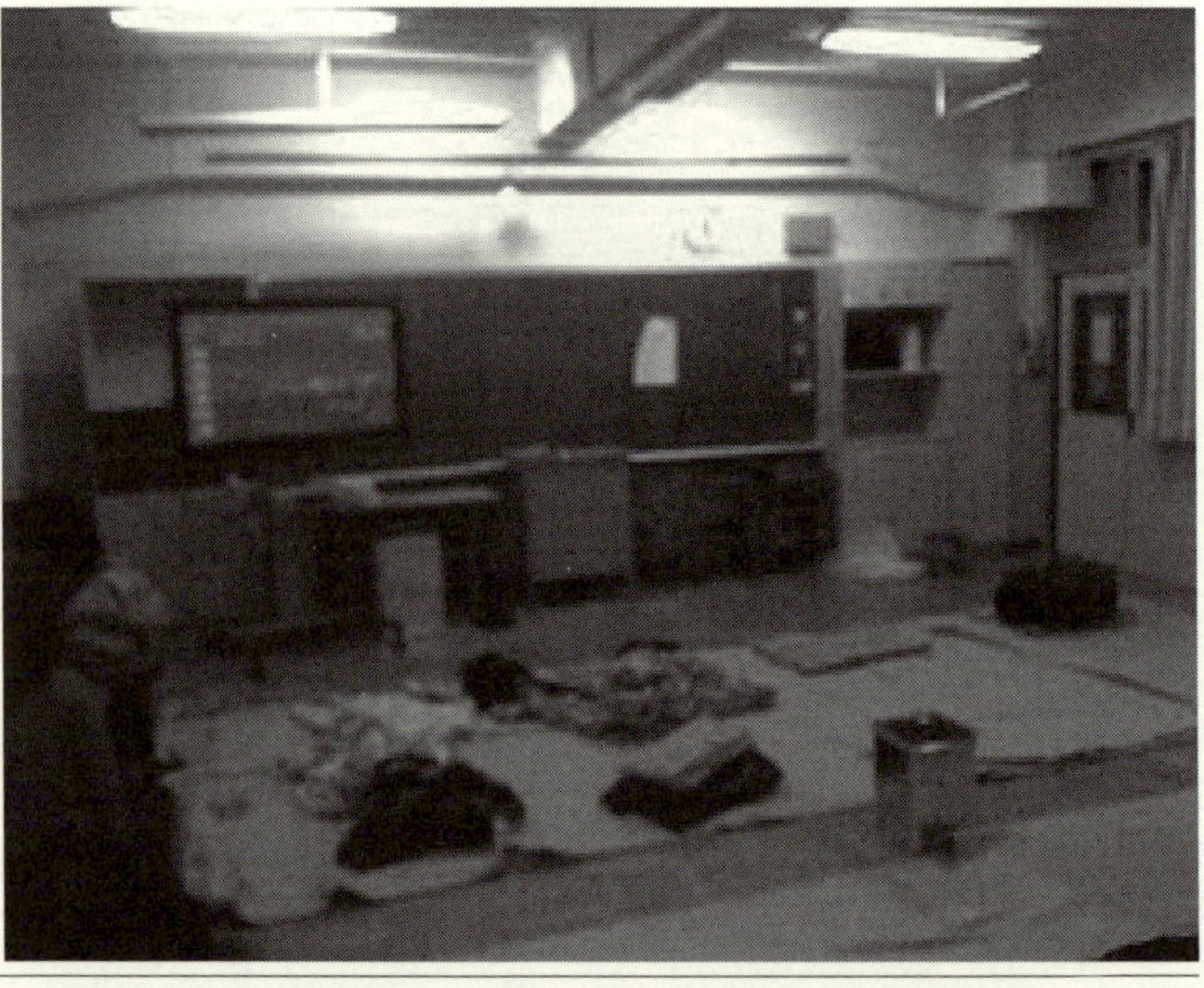
宇都宮の避難所（家族用）となった教室。大画面のテレビは夜中もついていて、原発の様子を伝えていた。

## 3月13日（宇都宮→日光へ／日光泊）

避難所では、朝食が配られた。バナナと缶詰入りのパン、パック入り五目御飯など。

午前10時過ぎ、同じ教室に避難していた人びとは、自宅を確認しに帰って行った。残ったのは、福島組の私たち6人と猫2匹に犬1匹。この状態では宇都宮も危険ではないかと話し合っていた時、郡山の友人・Sさんから電話が入った。

「今、日光にいる。家族で山の麓にある温泉宿に避難しているから合流しないか？」

今後、自治体の避難所には福島からの避難民が増えるだろう。そうなれば、一番最初に犠牲になるのは犬や猫などの動物たちだと考え、すぐに日光行きを決意した。16時過ぎ、日光に到着。宿には、S家（夫婦、娘さん2人、息子さん、犬1匹）、S家の娘さんの友人2人。そして、もう1家族、T家（夫婦と小学生の子ども2人）がいた。私たちを入れて、大人15人に子ども2人、犬2匹、猫2匹の大所帯の避難生活は、ここから始まった。

## 3月14日（日光泊）

「午前11時1分、福島第一原発3号機が爆発」

13日の晩、温泉宿の後ろにそびえる山が、飛散する放射性物質を遮ってくれるかもしれない、ここに留まっても大丈夫ではないか？　と話し合った矢先の出来事。爆発を起こした3号機はプルサーマルだ。相次ぐ爆発で、事態はさらに悪くなっていることを悟った。

### 3月15日（日光→富山県・富山市へ／富山泊）

「午前6時14分、4号機の壁が破損。ついで8時25分、2号機で白煙が上る」

風向きは怪しかった。日本海側へ向かうことを決め、荷物をまとめて出発。手持ちのお金を出し合い、避難資金にした。Sさんのおつれあいと息子さんはサーファーだ。2人は、福島付近、および行く先々の風向きの分析を担当することになった。その他、風向き報告を受け、通る道路を的確に判断するナビ担当、すばやく給油所を見つけるガソリン担当、車の整備担当、休憩のたびに付近の宿を探す宿泊担当、買い出し担当、犬、猫の健康管理担当、まだ郡山に残っている友人たちに避難を呼びかける担当、日本政府の沈黙をよそにネットで流れ始めた海外からの情報を翻訳・分析する担当などなど、自然に担当が決まった。まさに適材適所。これには自分たちも感心した。助手席の人が携帯電話で連絡を取り合い、車7台で関越自動車道を長岡へ向かう。この辺りから、給油に困ることはなくなった。北陸自動車道を通り、19時、富山に到着。辺りは暗くなっていたので、ここで1泊することにした。富山駅前のホテルに落ち着く。事情を説明すると、とても良心的な料金を提示してくれ、無料でおかゆを出してくださった。ネット上の情報を整理したかったのと、移動中に連絡を取った友人が避難を決め、合流するために富山に向かっていたので、ここに2泊することにした。深夜22時28分、福島県沖、次いで22時31分、静岡県東部を震源とする地震が発生。静岡が震度6強を記録した。

### 3月16日（富山県・富山市泊）

原発の様子は心配だったが、福島からの風向きは、内陸に向いた後、関東方面に向かっていた。

予定通り2泊することにして、必要なものの買い出しと体調を整えるのに費やす。

**3月17日（富山市→福井県・敦賀市へ／敦賀泊）**

行く先が決まらない。どこが安全なのか分からない。北は、もうダメだという絶望感に支配されながら話し合った末、日本海側を南下しながら、山陰方面へ抜け、九州まで行こうということになった。ホテルを出たのは午前11時を回っていた。昼食休憩を入れて、高速道路を敦賀まで繋いだ。遅い昼食をとるためサービスエリアに立ち寄った時、外は雨が降っていた。駐車場に着いても、誰も車から降りようとしない。雨に当たりたくなかった。風向き担当が、この雨雲は日本海からのものであると判断し、皆、そろりそろりと車を降りた。念のために全員マスクを着用。傘と雨具で身を守った。この頃から大活躍しはじめたのが、みんなから「和ませ担当」と呼ばれたS家の次女とその友だちだった。2人とも21歳。張り詰めた空気も、彼女たちの天然ボケにかかると一気に力が抜け、みんな自然と笑顔になる。誰にも見えなかった「先」に向かう力を吹き込んでくれた。

敦賀に着いたのは18時を回っていた。到着間際から、辺りは吹雪いていた。先に行きたい気持ちはやまやまだったが、夜、吹雪の中を7台もの車を連ねて移動するのは危険だ。仕方なく、敦賀で1泊することにした。目前に存在する敦賀原発の陰に怯えながら一夜を過ごす。

**3月18日（福井県・敦賀市→鳥取県・米子市へ／大山町着）**

朝9時、敦賀のホテルを後にした。全員が精神的にも疲れ果てていた。今日中に出雲まで行こう！　出雲大社にお参りをして、行くべき道へ導いてもらうしかないという境地だった。北陸自動車道から名神高速道路を通り、中国自動車道に入る。京都、兵庫、岡山を抜けて、鳥取県・米子に着いたのは、19時を回っていた。出雲まではあと少しだったが、ここで1泊することにした。真っ暗な中、やっと見つけたホテルの支配人に「今日は予約がいっぱいで無理です」と断られ、今日は車中泊か……と覚悟を決めた時、フロントから支配人が走って出てきた。

「うちは昔、大山町でペンションをやってましてね。散らかってるけど、部屋はたくさんある。娘に連絡しとくから、どうぞ、泊まっていって」

その後、2カ月間にわたって、この家でお世話になった。ご主人のOさんは、2年前に妻を病気で亡くされ、その後、何もやる気になれずにペンションを廃業。近くのホテルで支配人として働き4人の子どもさんを育てていた。本業は画家。家の中には、たくさんの彼の作品が飾られていた。

私たちが米子に着く前日の17日、Oさんは不思議な夢を見たという。部屋の中には、たくさんの人。食べたり、飲んだり、笑ったり、歌ったり、ガヤガヤとうるさい。自分は、その部屋の真ん中に、ぽつんと一人で座っている。と、そこへ現れたお母さん（妻）が言った。

〝あんた、いつまでも一人で何やってんの？　これからは、みんなと自分の人生楽しんでな〟

Oさんが用意してくれた豪華な夕食

「あの夢は、こういうことやったんや。だから、僕にできること、さしてな」

２カ月後の５月、Ｓ家とその友人たち、犬２匹は、アメリカの知人を頼って日本を離れた。Ｔ家は島根県大山町へ移住。夫婦で仕事を見つけ、子どもたちは町の小学校へ編入した。私の弟夫婦は、妻の実家のある福岡へ。私と母、猫２匹は、夫の実家のあるブラジルへ渡った。11月、母は、郡山に住む決意を固め、福島に戻った。

Ｏさんは、私たちが出て行った後、２枚の絵を描きあげて展覧会に出品したとうれしそうに報告してくれた。

移動する先々で、たくさんの人に出会った。ペットの同伴を許してくれた温泉旅館、夕飯をごちそうしてくれた食堂、「何もできません」と書いた紙に1万円札を包んでくれたガソリンスタンドのお客さん、見知らぬ福島からの避難民を２カ月もの間、受け入れてくださったＯさんとその子どもたち、衣類や米、野菜を分けてくれた大山町のご近所さんたち、生活費の足しになればと収穫のお手伝いをさせてくださったネギ農家のおじいさん。たくさんの人に助けていただき、私たちは、それぞれが、それぞれの場所へとたどり着くことができた。

大山町に着いてから、車のメーターを見ると、走行距離は１０００キロを超えていた。３・11の夜、目に見えないものに追われ、そして、逃げた先々には、いつも原発があった。日本各地に存在する原発のことは、地図で知っていたつもりだったが、行く先々で目にする「○○原発」という看板に心は萎えた。

福島第一原発の事故は、福島に住む人びとを「土」から引き離し、家族を引き裂いた。故郷を離れ、移住を決めた人びと。借り上げ住宅で避難生活を送り、いまだに高い空間線量に帰りたくても帰ることができない人びと。子どもたちの体が心配でも、様々な事情で福島に留まっている人びと。それぞれの地で、みんなの心は、今でも宙をさまよっている。事故前の福島は、もう、どこにもない。

2カ月間の避難生活を通して、私たちに見えてきたもの。それは「人は、誰でも自分にしかできないことがある」ということだ。目の前に危険が迫っているとき、目の前に守りたいものがあるとき、人は、おのずとその力を発揮して、それぞれが天から与えられた役目を果たし、

ブラジル・サンパウロのホテルで。部屋に入って、やっと落ち着いたのか、キャリーバックから出てきて餌を食べる猫たち。

鳥取のOさん宅の後には、大山がそびえていた。

お互いの命を守ることができる。今、一人ひとりが、この真実に目覚め、自分自身を信じ、恐れずに行動を起こすことができれば、原発に頼らない日本を取り戻すことは可能だ、と信じたい。

## 追記

２０１１年11月中旬、福島県郡山市にある自宅に一時帰宅した。３月11日の夜、地震でぐちゃぐちゃになった家の中を片づける暇もなく、着の身着のままで家を出て以来、８カ月ぶりの帰宅だった。家の中は、ひと足先に郡山に戻っていた弟夫婦が掃除をしてくれていたので、整然としていた。ただ、部屋の壁にかかったカレンダーは３月のままだった。

２カ月間、一緒に避難生活をした大事な仲間たち。

わすれられない
コトバ①

# 私たちはいま、静かに怒りを燃やす東北の鬼です

「さようなら原発集会」でスピーチ
福島原発告訴団・団長 **武藤類子さん**

福島県三春町在住。版下職人、養護学校教員を経て2003 年里山喫茶「燦」を開く。チェルノブイリ事故以来原発反対運動に携わり、2011 年は「ハイロアクション福島原発 40 年」として活動を予定していた。福島第一原発事故発生以来、住民や避難者の人権と健康を守る活動に奔走している。ハイロアクション福島四十年実行委員。著書『福島からあなたへ』大月書店

「福島県民はいま、怒りと悲しみのなかから静かに立ち上がっています。

『子どもたちを守ろう』と、母親が父親が、おじいちゃんが、おばあちゃんが。

『自分たちの未来を奪われまい』と若い世代が。大量の被ばくにさらされながら事故処理に携わる原発従事者を助けようと労働者たちが。土地を汚された絶望の中から農民が。

放射能による新たな差別と分断を生むまいと　障がいを持った人々が。

一人ひとりの市民が、国と東電の責任を追い続けています。

そして、『原発はもういらない』と、声を上げています。

（中略）

私たちとつながってください。私たちが起こしているアクションに注目してください。

政府交渉、疎開裁判、避難、雇用、除染、測定、原発・放射能についての学び、そして、どこにでも出かけ、福島を語ります。

（中略）

私たち一人ひとりの背負っていかなければならない荷物が途方もなく重く、道のりがどんなに苛酷であっても、目をそらさずに支え合い、軽やかにほがらかに生きのびていきましょう」（2011 年 9 月 19 日「さようなら原発」6 万人集会にて）

2012 年 6 月 11 日、福島原発告訴団の武藤類子さん他、福島の市民たち 1324 人は東電社長他を告訴した。原発事故で、暮らしを奪い、人権を踏みにじり、事故の責任をとらず、被害を拡大させたことに、処罰を求めた。福島地検は 2012 年 8 月 1 日受理した。11 月には告訴人を全国に広げた第二次告訴を予定している。

絵と文　大越京子

# あらためて思う、「多様なこと」は豊潤なこと

鈴木絹江

私は現在、福島県田村市船引に住んでいます。田村市は、福島第一原発から真西に20キロ～50キロに位置しています。私はそこで、障害を持つ人の自立生活センターを基軸として、指定居宅介護事業所「ケア・ステーションゆうとぴあ」、指定生活介護事業所「みらくる」、指定就労支援B型「まち子ちゃんの店」の事業を行っております。

2011年3月11日2時46分には、立っていることができないくらいの大きな地震に見舞われました。何度も何度も繰り返す揺れに利用者も職員もテーブルの下に隠れたり、外に避難したりと大変な時期を過ごしました。一人暮らしをしている利用者3名は、その夜とても自宅に帰れる状況になく、そのまま当事業所の施設「みらくる」で避難生活となりました。

すずき　きぬえ
1951年いわき市生まれ。母ひとり娘ひとりなのに10代は母と別れて郡山養護学校で過ごす。94年「福祉のまちづくりの会」発足。JIL（全国自立生活センター協議会）認定ピア・カウンセラー。NPO 法人ケアステーション「ゆうとぴあ」理事長。

## 逃げないと決めていた

私はその時自宅におりまして、3時からヘルパーが入るという時間で、携帯のメールで、ヘルパーに買い物を頼んでいました。そこに、地震が起きたのです。私は障害を持っているので、地震がおきても自分の足では逃げきれないので、地震の時には逃げないと決めていたのです。いかに家の中で身を守れる状況を作っておくかを考えていました。そのときも部屋の真ん中で地震が収まるのを待っていました。そうしたらヘルパーが「すみません。絹江さん、今日いけません」って電話をしてきたんです。それで、「なんで?」って聞いたら、自分の家がごちゃごちゃだから来られない、と言ってきたんですね。私は、「私の家もごちゃごちゃだから、あなたの家は旦那に連絡して、片付けてもらうようにして、あなたは私の家に来なさい」と言いました。ヘルパーは「どうやって行ったらいいでしょう」と半分泣いているような声で言ってきたので、私は近いところなので、「歩いてきなさい」と言いました。もし、ヘルパーの家でけが人が出ているなら、そちらを優先にしますが、彼女の家には夫がいたのです。ヘルパーが来なければ、私の生活は成り立たないわけで、ましてや地震の後ですので、私はヘルパーに来てもらうことを強く言いました。

しばらくしてからのやり取りの中でこんなこともありました。私は、自分自身も有機農業を20年していましたし、30年以上前から玄米や有機野菜を食べていました。チェルノブイリ原発事故のことを知っている私はヘルパーに「県内産でない玉子を買ってきてください」と頼んだら、そのヘルパーは怒ってしまい「何故? 県内産ではだめなのか? 国や県は安全だとはなしているのに?」責任者にその怒りをぶつけ、私のところには入りたくないと言っていました。

原発事故、そして放射能への安全神話によって、私たちは争わなくてもかまわないところで、いさかいや分断を体験しました。

## 食べ物がない、ガソリンがない、ヘルパーが動けない

田村地方は、石山の多い所で地震に強いと地域の人は話していました。確かにその通りで、私たちのところでは電気も水道もライフラインは止まりませんでした。

しかし、次に起きた原発事故は私たちの生活を根底から変えてしまいました。浜通りから避難する人が続出するなかで、3月12日にはもうガソリン不足が起きて、ヘルパーや職員は仕事場や利用者の所に行くことができなくなりました。その上私たちの事業所には、妊婦が3名もおりました。原発が爆発するとはどのようなことなのかを知っている人はほんの少数でしたが、すぐに職員を招集し、原発に詳しい人を呼び話し合いをしました。食料がスーパーからなくなる。ガソリンがない。ヘルパーが動けない。原発は次々と爆発を起こしていましたが、私たちが原発事故を知ったのは13日以降でした。マスコミやテレビは、「安全です」「ただちに人体に影響はない」と大本営発表を続けていました。しかし、のちに分かることですが、この時の放射能の放出量は天文学的な数字になっておりました。

## 3月14日、事業所昭和村への一時避難

私たちは、14日から事業所を一時休止して、避難することを決めま

福祉のまちづくりの会のキャラクター「福祉野まち子」描いたのは頚損の障害をもつ人

した。家族とともに避難する人、自宅で屋内退避を決めた人、さまざまな決断の中で、一人暮らしの利用者も避難したいということで、事業所としてはヘルパーや職員とともに2台の車で、福島県の奥会津にある昭和村に避難しました。そこは周りには2メートルの雪があり寒い時期でした。

次の日役所に行き福祉避難所の紹介や支援をお願いしましたが、「そんな重度の車いすの人が来ても、ここには医者もいないし病院もない」と言われ、もっと大きな町に移動するように追い立てられました。その後、私たちは新潟に避難しました。新潟では、中越沖地震の時の被害後、様々な避難訓練をつんでいて、福島原発や地震津波で家をなくした人たちへの支援をいち早く行っていました。本当に有難かったです。

私たちは、14日に避難を決めて移動しています。それは、15日から雨が降る天気予報があったからです。私は26年前のチェルノブイリ原発事故を知っています。その時の反原発集会で2つのことだけを覚えていました。ひとつは、もし原発が爆発したら、80キロ以上逃げること。もうひとつは、死の灰は100万年もお守りをしなければならないということ。

14日雨が降る前に磐越西線を西へ西へ行く中で、たくさんの自衛隊の車やパトカー、滋賀県警とか岡山県警とかの車に囲まれて移動しました。まるで私たちを護衛するかのようにたくさんの車に囲まれて西に向かいました。後からわかったことですが、その時すでにアメリカにはスピーディの情報が行っていて、県警も自衛隊も海外の人もマスコミも、みんな夜に西へ移動していたのです。私たちはちょうどその列に挟まれて移動していたわけです。迷彩色の車に囲まれての移動はまるで戦争が始まったようでした。皆さんも見たと思いますが、15日16日に放出された放射能のセシウムは飯舘村に、またヨウ素はいわき方面に、考えられないくらいの量が出ていました。偶然ですが、私たちは危機一髪でその難を逃れました。もうひとつ、私たちは体育館の避難所には行きませんでした。初めから旅館かホテルを選択しました。ホテルはできるだけ大きなホテルを選びました。それは、重度の人たちにとって体育館はとても過酷な所だからです。体温調節が難しい人や硬い床には横になれない人、トイレや着替えに時間がかかる人など、いろいろ特別な支援が必要な重度の人たちだからです。ホテルは一定の温度が保てる。温かい食事があること。適度な広さがあります。避難所に行くと足の踏み場もありませんから、今までの体力を失い体調を崩すという悪循環が起きます。この判断によってのちに一人も病気にならず入院することもありませんでした。

## 「障害」イコール「不幸」ですか？

２０１１年４月の初めには、利用者や職員の要望にこたえて事業所を再開しました。放射能がどのような形で私たちの生活に影響を及ぼすのかわからない中での再開でしたが、放射能の勉強会や講演会を開催し、「市民を放射能から守る市民ネット」を立ち上げました。自分たち

上　まち子ちゃんの店で、オリジナルのお菓子を製造販売している

下　夏季限定菓子、カプトン

で食品測定をして安全なものを食べる・測るなどして放射能の可視化に努めています。また、今回の災害に関しての講演活動の中で、日本全国に散らばった福島県民を訪ねて歩く機会も持っています。避難先を巡っていると母親たちで「もし、放射能を浴びて障害のある子が生まれたら大変！」ということを口にする人が、少なからずいます。私はとても複雑な思いでこの言葉を聞いています。確かに、放射能の影響で病気を抱えたり、障害を抱えたりすることは子どもに限らず出てくる症状としてあると思います。障害を抱えたりは遺伝子を傷つけるという文明社会の犠牲を意図的に生み出します。原発原発に依存した社会の在り方には断固反対の意思でいます。

しかし、障害を持つ人は、ある一定の割合でこれからも自然発生していくこともまた、事実です。ここで、「障害」イコール「不幸」とする固定概念に、「はて？　そうかな？」と立ち止まって、考えることが大切だと思っています。優生思想は私たちの価値観にべったりと張り付いているけれども、「障害を持つことが不幸ではなく、障害を不幸とする社会の在り方が問題である」と私は思っております。障害を持つ人も、持たない人も、ともに自分の人生を自分らしく生きていける社会が真の豊かな社会であると考えています。優生思想に対峙するのは、「多様性」は豊潤であるという考え方だと思っています。

日本の再生は、原発の再稼働の中でと判断した政治家もおりますが、私たち市民は原発など動かさなくても、エコな工夫の中で十分幸せに

誕生会の余興風景

暮らしていけることを実践していきたいと思っています。

原発問題は、新たなる差別と分断を生み出し、一人ひとりの生き方や考え方を如実に映し出す鏡のようです。今回の原発事故で、深い絶望感と無力感に襲われましたが、全国の皆さんが福島県の私たちをとても心配し、愛情深く支援してくれていることに深く感謝しております。その愛に触れて、やっと一歩踏み出す勇気を持ちました。ありがとうございます。

鈴木絹江さんの自宅の窓からみえる片曽根山

わすれられない
コトバ②

# 受け手の私たちが変わらなければ何も変わらない

## 記者会見や現地取材に飛び回る漫才師
## おしどりマコさん

鳥取大学医学部生命科学科中退。夫婦漫才、音曲漫才コンビのツッコミとアコーディオン演奏担当。吉本興業所属。漫才協会会員。2003 年 9 月コンビ結成。師匠は横山ホットブラザース。東京電力の記者会見、及び政府・東京電力統合対策室合同記者会見にも出席し、また現地取材も積極的に行って質問し、その模様をウェブマガジンで公開。自由報道協会理事。

●おしどりマコ・ケンの「脱ってみる？」マガジン９　http://www.magazine9.jp/oshidori/
●おしどりマコ・ケンの脱ってみる？デイリー　http://daily.magazine9.jp/m9/oshidori/

東電の松本さん、文科省の伊藤審議官、保安院森山さん、福島県健康アドバイザーの山下さん、安全委員会の加藤審議官、被災者生活支援チームの医療班福島班長、などの方々に直接質問したやりとりをウェブで紹介している。あえてまとめたりせず発せられたままの言葉遣いでテープ起こしをしているので、するどい質問に対する相手のいらだちやごまかしが見えてしまう。報道の裏側を垣間見せてくれる貴重な存在だ。

マコさんの質問や疑問は「飯舘の仲良し」とよぶ友人の側にたっていると思う。健康が一番心配だから、内部被ばくは、いつ・誰が・どうやって・調べたのか・調べるのか？を聞く。健康調査結果の多くはなぜ数値で本人に渡されず「心配ありません」という言葉しかもらえないのか？ なぜ被ばく調査の費用を経産省がもつのか？ がんになる確率はとても低く心配はないと宣伝しながら、県民健康管理調査検討委員会で話されたのは「がん登録」「被曝手帳」「がん対策」であるのはなぜなのか？…とか。

ネットで東電記者会見を見て、大事なことがテレビ新聞で報じられないことに疑問を持ち、記者会見に出向いているうちに発信者になったという。**「２次情報で納得いかなければ１次情報まで調べる。同じニュースでも複数の局や新聞でどういう報じ方をしてるかを観察する。この情報でこういう表現をするということは、こういう意図でニュースを作ったんだな、とか。この新聞は批判記事に署名をつけないことが多いね、とか。情報に対して、深く考えず無条件に信じて受け取る一方だったのが、無意識に「その情報がどう加工されたか」前提で受け取るようになっていったのです」「私たちが一瞬で変われば、案外、世の中、今の状況は一瞬で変わるのかもしれません 」**と語る。

絵と文　大越京子

# 3・11原発／解雇／放射能／そして……

黒田節子

『親愛なる皆さんへ
最大・最良の行動は、今、原発からなるべく離れることだと思います。私たちは、緊急に会津に逃げます。友人も南へ、西へ逃げています。電話が不通です。メール可能が多い。間もなく移動します。PCはいつもひらくことはできなくなります。携帯アドは○○です。共に生きましょう！　道を開きましょう！』

こんなメールを日頃世話になっている方々誰彼となく送ったのは、3月13日の朝8時過ぎ。大地震からおよそ40時間。その後の15日㈫が最も高い放射線値を出しているから、福島第一原発では危機的な状況に刻々と陥り始めていた頃だ。高崎に避難先を変えて10日ほど。このときに群馬県でもホウレンソウとカキ菜に出荷規制が出て、有機農業で安全な土造りに汗流して頑張っている妹夫婦のショックは、見ているのも辛いものだった。い

くろだ　せつこ
女こども・共同生活・農業（農的暮らし）・非正規労働…と「振幅」広く生活を実験してきたが、足元近くで原発が爆発することは想定外。原発いらない女の一人として、新たなもうひとつの永い実験が始まってしまった。

ったい、なんでこのようなことに。

3月末、平常値（0.05μSv/h）からすれば、ほぼ2ケタ高い郡山だった。今後どうするか迷いながらも、仕事のこともありいったん帰宅。放射能には色がない、臭いがない。久しぶりのご近所さんと立ち話して、その情報格差＝危機感の格差に愕然とするものの、水道は復旧、食料もガソリンも出回りつつあり、一見、街は平穏を取り戻したかのようだった。

3月29日、職場の長から「雇用期間満了」ということで解雇通知を受ける。「満了期限」3日前のことである。子どもの人数把握に時間がかかるという理由で、例年わずか1週間前ぐらいに臨時職員の移動発表があるのだが、今年はさらにそれが短くなっている。正確には調査中だが、今年は解雇が多いのではないか。

4月7日、市長宛の申し入れ書を市役所職員課課長に。要旨は4点だ。①これは解雇であり、不当解雇は許されない。②解雇理由を説明しなさい。③解雇予告手当を出しなさい。④地震での自宅待機分を補償しなさい。

5月23日、約束の期限日を1カ月以上遅れて、市役所から回答が出た。それはすべてにわたって「ゼロ回答」に等しいもので、個別的なことを取り出してその理由にあげているなど、お粗末な内容である。期待はしていなかったものの、平然とこれがまかり通っている日本という社会は、働く者を人間を、いかに大切にしない社会だろうかと憤りを覚える。

市立保育所の保育士は、正規の職員が約200名、臨時職員が約150名。全国の非正規職員の例にもれず、臨時なくして運営は1日も成り立たないにもかかわらず、その身分は非常に不安定・劣悪な待遇だ。様々な面で我慢を強いられている臨時職員だが、災害後の非常事態ともいえる今こそ、自治体当局は労働基準法および労働契約法を地域に率先して遵守し、弱いものがさらに痛めつけられている事態を回避しなくちゃいけないのに、この有様である。

日々が干上がっても困るので、ともかくハローワークに行く。噂には聞いていたものの、すごい人、人。原発被災者が多く（会話内容で分かる）、待ち時間に親子連れ（母・娘）と話をするようになるが「支援金・貸付金？　雇用保険の特例措置？　そんなんがあるの」と、行政情報も全く伝わっていない。慣れない町での職安通いだ。他にも何かできることがあればと、電話番号をメモして手渡す。

母親は、本当にたくさんの感情が次から次へと溢れ出て、途中から泣きながらの会話となった。「東電にぜ～んぶ補償させるようにすッから！」「原発はもうごめんだなィ」とか励ましながら、私もまたもらい泣き。当然ですが、今、原発立地町村の人たちが最も原発を忌み嫌い、否定しまくっている。東電や国に裏切られた、という強い思いもあるだろう。彼女の悲嘆と怒り、これを外れての脱原発運動はないことを忘れたくはない。

2011年5月25日現在の郡山の（公表）放射線値は1.3マイクロシーベルト／h前後。福島県内の学校の75%が放射能「管理区域」レベルの汚染、20%が「個別被ばく管理」が必要なレベルの汚染状況にある。子どもたちを全員「放射線管理責任者」にして、原発内で遊ばせているようなものだ。「子どもと妊産婦をまず早急に退避させるべき」「一般人の年間許容量を20ミリシーベルトから1ミリシーベルトに戻して」と私たちは声をあげている。

## なぜ避難できないか

ところが……最近は、全国の自治体レベルでも受け入れ体制が相当できてきているのに、実際に避難する人が少ないということが見えてきた。私が多少とも関わっているものだけでもいくつかの団体の方々が、情報のリストを持って来られている。仏教・キリスト教・各宗派を越えて協力し合い、数100人単位で受け入れましょうという大手の団体（「原子力問題を問い直す宗教者の会」など）もある。各地の行政も含め、受け入れ側は活発に動き始めた。また、個人ボランティアで、良さそうな家の写真などの具体的な情報をはるばる遠方から持って来て下さる例もある。が、しかし、いつ避難所に行っても貼られた写真はそのままなのだ。

きっと今必要なのは、情報を具体的につなげる人＝コーディネイト役ではないかと、多くの人が感じ始めている。それは多分、情報を手にフェイスtoフェイスで行ったり来たりし、両者の調整を図るという役目であり、丁寧に話をきける人の存在だろうか。せっかくの情報が生きるには、温かみのある関係性や信頼がなければ宝の持ち腐れとなってしまう、ということだ。

もちろん、移動にかかる費用や家賃の負担を軽減（無料）しなければ、多くの被災者は動けない。

## ママたちの苦しみ

2011年5月に発足したばかりの「子どもたちを放射能から守る福島ネットワーク（中手聖一代表）」などで、若い親たちの出会いと情報交換が始まった。話はどこの家庭も切実さがほとばしる。まず、学校や保育所で牛乳を飲ませたくないなどというと「過剰反応ではないの」と異端視される。集団の中で育つ子どもたちは、仲間から離れたくない。受験直前の転校は……。夫は仕事で忙しく、よくて「あんたは考え過ぎ」、場合によれば離婚も考えるほど溝が出てくる。老いた両親との情報格差。子どもの命を最優先させたくとも身動きできないママの苦しみは、聞いていて胸が痛くなるものばかりだ。

が、どうやら、ママたちの横のつながりが形成されつつあるようだ。話を聞き合い、できるなら一緒に避難しようという動きが出てきたのだ。これは国や自治体があてにならない状況にあって、母親同士助け合い、子連れで避難先にとにかく行ってみようかというもの。互いの悩みを丁寧に聴き合うことから生まれるダイナミックな決意と行動は、福島のこの状況下にあって、まさに希望そのものではないだろうか。まずは夏休みに、あるいは数週間数カ月だけのものであってもいい、この流れがなんとか大きくなっていくように祈り、支援したい。

## 本当の情報を

巧みな、またはあからさまな情報操作で、多くの人が不安を抱えつつも「このままでもいいか」と思ってしまっていることも大きい。先日、「長崎から来たというだけで歓迎され、現地の人たちは安心する。長崎のノウハウを生かしたい」との山下俊一教授の講演を聞きに行った。「年間100ミリシーベルト以下のレベルであれば、健康にまったく影響をおよぼさない」、福島の人は「大丈夫だから」いわば、ゆっくり病気になって死になさいと、ソフトな口調。かとおもえば、別の講演場所では「正しい怖がり方を」とか「予想していたが、恐るべきこと。子どもや妊婦を中心に避難させるべきだ」と、二枚舌。

東電に対して怒ってみせた佐藤雄平福島県知事は、一方でこういう専門家を雇っているのだ。

わすれられない
コトバ③

# 100 マイクロシーベルト/h※ を超さなければ、全く健康に影響及ぼしません!?

福島県放射線健康リスク管理アドバイザー
**山下俊一さん**

長崎市生まれ。医師。1990 年から約 20 年間チェルノブイリ原子力発電所事故の健康調査に従事。2011 年 3 月 19 日、福島県放射線健康リスク管理アドバイザーに任命され 2012 年福島県立医科大学副学長となる。また、文部科学省管轄の原子力損害賠償紛争審査会委員、福島県民健康管理調査検討委員会の検討委座長にも選ばれている。


「これからフクシマという名前は世界中に知れ渡ります。フクシマ、フクシマ、フクシマ、何でもフクシマ。これは凄いですよ。もう、ヒロシマ・ナガサキは負けた。フクシマの名前の方が世界に冠 たる響きを持ちます。何もしないのにフクシマ有名になっちゃったぞ。これを使わん手はない。何に使う。復興です」

「放射線の影響は、実はニコニコ笑ってる人には来ません。クヨクヨしてる人に来ます」

「100 マイクロシーベルト /h を超さなければ、全く健康に影響及ぼしません。ですから、もう 5 とか 10 とか 20 とかいうレベルで外に出ていいかどうかということは明確です。昨日もいわき市で質問されました。『今、いわき市で外で遊んでいいですか』『どんどん遊んでいい』と答えました。福島も同じです。心配することはありません」

(2011 年 3 月 21 日　福島市の福島テルサにて)

上の講演で山下氏は年 876mSv に達する毎時 100μsv を超さなければ大丈夫と述べている。(※あとで訂正) この年 5 月 3 日二本松の講演では「**個人的には年間 100msv でも大丈夫だと思っています**」と述べた。国が根拠とする ICRP 勧告の一般公衆の平常時実効線量の限度は、年間 1 msv(復旧期の限度年 1~20msv)であり、100msv は生涯限度だ。市民団体「子どもたちを放射能から守る福島ネットワーク」は、山下氏が「100mSv まで放射線を浴びても大丈夫。今まで通り子供を外に出して下さい」という趣旨の発言をして不必要な被ばくをさせたとして、アドバイザー解任を要求する記者会見と署名活動を 2011 年 6 月に行った。また、2012 年 6 月 11 日、1324 人の福島県民による「福島原発告訴団」は、東電や国の幹部、そして山下氏を含む放射線の専門家ら計 33 人に対して、業務上過失致死傷などの容疑で福島地検に告訴状を提出し、受理された。

※福島県の公式サイトでは 2011 年 3 月 22 日付更新で「100 マイクロシーベルト / h」が「10 マイクロシーベルト / h」の誤りであるとして訂正した

絵と文　大越京子

県と市のウェブサイトから、山下教授の講演等を早急に削除するよう要請。私たちは本当の情報を拡めなければいけない。チラシ配り、DVDをコピーしてプレゼント、講演会、映画会、パレード、ありとあらゆる方法で教授に拮抗しなければいけない。そうでないとママたちは動けない。

## 5・23文部科学省行動

福島からバス2台で文部科学省へ要請に出向いた。大半が女性である。高木大臣・三役は出ず、渡辺局次長が対応。

⑴いますぐ20ミリシーベルトを撤回してほしい。
⑵1ミリシーベルトを目指すという文科省の方針を、文書で、福島県に通知してほしい。
⑶自治体が行っている被ばく低減のための措置に関して、国として責任をもって経済的支援も含み後押ししてほしい。

この要請に対して、次長は政務三役と相談の上「早急に返答する」と約束。役人さんの対応にはその厚顔さにただ驚き呆れるばかりだが、省をヒューマンチェーンで包囲するなどたくさんの支援の方々に励まされ、力をいただいた。心からありがとうと言いたい。

福島にもまもなく夏がやってくる。窓を締め切った学校で勉強が出来るはずもない。クーラーや扇風機の用意が急がれる。プールは大丈夫？　保育所の土は？　草の処理はどうしたらいい？それに、内部被曝のこと。空気と水と大地が汚染されてしまったのだから、もうどうしようもないと繰り返し無力感に襲われるが、子どもたちの命が日々削られている状況は待ったなしだ。

## ハイロに向けて

今日も、若い友人家族が東京に引っ越して行った。子どものことを考えれば正解だ。幾人かの反原発仲間が県外に行ってしまった。そして「自分だけが」という罪悪感と必死に闘いながら、それぞれの移動先で果敢にハイロアクションを起こしている。誇らしい人たちよ。

一方では、半分の選挙民が、この期に及んでも原発に期待感を抱いているとか。ドイツとはエライ違い。避難所での性暴力のこと。お年寄りの絶望。映画「ペイ・フォワード」を語る若者。または、今日の風向きの心配……。

いずれにしても世界は、広島、長崎に続き、FUKUSHIMAの名を教科書に書き込むことになるだろう。問われていくのは、一人ひとりが、地球を被う放射能に負けないような新しい世界観（それは単にエコ生活という意味だけではなく）を持って行動できるか、ダ。

「ふくしま原発40年とわたしたちの未来」を祈念し、この一年をハイロに向けた行動の年にしようと、3月26・27日を皮切りに盛りだくさんのイベントを企画していたその矢先の事故だった。間に合わなかった、力及ばずだった、子どもの未来を汚してしまった――と言葉もない。

しかし、たくさんの子どもがここにいる、赤ちゃんが産まれる。私たちのやらなくちゃいけないことは目前にある。これは悪夢ではなく、切迫した現実そのものなのだ。

途方もないほどの被害と苦しみを伴いながらも、しかし、突然、ハイロは向こうからやってきた。この機を捉え、フクシマから世界に向けた本当のハイロアクションは、広く、深く、3・11までの世界の「垣根」を越えるアクションとして、これからが本番だと思っている。（2011年5月記）

初出『インパクション』180号（2011年6月）

# 5日目の朝がきた

人見やよい

２０１１年3月11日14時46分、私は自宅近くの１００円ショップにいました。翌日から父が検査入院することになっていたので、入院用品を買いに行ったのです。一度目の大きな揺れが起き、そこからさらに激しく長い揺れに、立っていることもできなくなりました。瀬戸物が並んでいたショーケースがガシャンガシャンと音を立てて倒れ、天井の蛍光灯やレジのコンピュータがバチバチと弾けて切れました。「早く、外に出ましょう!!」とレジの女性が叫び、私たちは足元に散らばった商品を踏みながら階段を下り、建物の外へと逃れました。「うわー大きな地震だったー！」とは思ったものの、私はまだ「この建物はプレハブで弱かったんだろうな～」くらいに考えていました。

とんでもない大地震だったことに気付いたのは、自宅へ帰ってからです。道路にも駐車場にも屋根瓦が散乱し、家に入るとどの部屋もめちゃくちゃで、物が多かった私の部屋は全く床が見えませんでした。

ひとみ　やよい
1961年生まれ。福島県郡山市在住。フリーライター。原発いらない女たちweb担当

机の上にあったパソコン、その横にあったプリンター、モデム、本、洋服、何もかもが吹っ飛んでいて、どこに何があるのか、どうやって片付けたらいいか、想像もつかないほどでした。

屋根からは、瓦と共にテレビのアンテナが落ちてしまい、その夜の情報源はラジオだけでした。余震に揺られながら、原発がどうなっているのか、津波の被害はなかったのか、不安を抱えたまま夜を過ごしました。

13日になって、ようやく部屋からパソコンを掘り出し、インターネット環境を確保。情報が入ってくるようになったとたん、原子炉の爆発を告げるニュースを知りました。当時の動きをツイッターから紹介します。

## 3月13日　ツイッターから

13日「鉄筋むき出しの1の1（第一原発1号機）には仰天しましたが、最悪の最終兵器的大爆発ではなかったことに、ほっと胸をなでおろしています。危ないらしい2の3もどうか無事に収束しますように」

「いまこの時間も、続く余震のなか、命がけで海水注入作業をしている方たちに感謝します。作業にあたるみなさんが、命に関わる被曝をされませんように」

「この惨状は、原発の耐震安全性の強化、ではなく、国のエネルギー政策の方向転換、原発からの完全撤退につなげていかなければなりません。そのためにこの事故はあったのだと、納得したいのです」

14日「1の3が爆発したそうです……。プルサーマルを開始し、危険なプルトニウムのMOX

燃料が装荷されている炉です。私たちが危険だからやめてくれと、叫び続けてきた炉です。神様、どうかこれ以上の被害が出ないよう、助けてください」

15日「おはよう。5日目の朝がきたよ。どこもかしこも揺れているし、原発は怖い。もうどこにも作ってほしくない。4号機から再び火災……」

17日「部屋の掃除をして、原発関連の資料も一気に紐で括った。もういらないもの。原発は危ないでしょう？　って理論付けしなくても、世界中の人がその怖さをつぶさに観ている♪」

## 1年たって

それから1年が経ち、私は再び原発関連の書籍を買い直しています。その怖さと脆さを世界中がつぶさに見たはずの原発が、今また動かされようとしているのです。福島原発事故の収束も検証も済まないうちの安全宣言。被災地に暮らす私たちには、到底信じられない感覚です。

この1年、大きな余震が来るたびに、汚染水漏れや温度計の異常など、ミスが起こるたびに、「4号プールが倒壊するのかもしれない」「今度こそ終わりかもしれない」と何度も何度も思いました。まるでギロチンの下で暮らしているかのような恐怖、そして日々受け続けている被曝の不安……これら私たちが受けている目に見えない被害は、原子力推進派によって過小化されて伝えられています。「可哀そうなヒバクシャ」と見られることは本当に悲しいことなのですが、「原発は事故を起こしたが、大した被害はなかったね」と思われることのほうが、100倍も1000倍も悔しいのです。私たち福島県民は、声を大にして「原発の被害」と「原発の不要さ」を伝えていかなくてはならないと思っています。

そして私たち日本人も、原発全廃を決めたドイツ人やイタリア人、北欧人と同じように、原発からの卒業を望んでいるはずです。「電気は足りない」と思いこまされている人たちだって、「自分たちは電気を使い放題使って贅沢をしたい。そして子孫には老朽炉と核燃料廃棄物など、恐怖とリスクを押し付けたい」と望んでいる人は、まずいないと思います。これから私たちが選ぶのは、「足るを知る」生活です。「福島原発事故は持続可能な社会への転換を選択する、そのきっかけとなった」……未来の歴史教科書に、そう書かれていることをイメージして、訴えなければならないことを叫び続けようと思います。

２０１２年2月27日、病気療養中だった父が永眠しました。事故当時は検査入院が必要な状態ではありましたが、自力で食事も摂れていました。あの事故が、骸骨のような姿を晒した原発が、生きる気力を少しずつ剥いでいったのではないかと思っています。

# 事故前と同じようには生きられない

会田　恵

２０１１年３月15日昼、電話が鳴る。

「俺、やっぱり逃げたい！」

緊張した19歳の息子の声に驚く。前夜、友人夫妻が青森へ避難する前に立ち寄り、「早く逃げないと原発危ないよ」と言い残したのだ。一緒に反プルサーマルの勉強会やデモに出ていた友だちだ。私たち家族４人は話し合い、皆でここにいることを決めていた。

「スタンドにいてもガソリン入ってこないし、俺バイトだから、先輩が逃げるなら早いほうがいいって言ってくれた」

「逃げるってどこに？」

「とりあえず、山形の友だちの所。唯（妹）も行きたいなら一緒に連れていく。お母ちゃんはどうする？　１時間くらいで帰るから支度しておいて」

あわただしく電話が切られた。突然の電話に思考回路が止まってし

2

あいた　めぐみ
1958年福島市に生まれ、育つ。1995年伊達市霊山町に移り、独学で焼物を始め、現在に至る。コントラバス奏者の夫（鈴木栄次）と１男・１女の４人暮らし。

まう。（逃げる……？　山形に……？　すぐ……？）

「どうしたの？」

「兄ちゃんがこれから山形に逃げるって。あんたも行きたいなら連れていくって。どうする？」

　一瞬、驚いた顔をした娘がきっぱりと言った。

「私も逃げたい！」

　大地震のあった11日、午前中に娘は中学校を卒業し、高校入試の結果を待っていた。14日の発表は延期されていた。連れあいは、「犬と鶏もいるし家に残る」と言う。私には「子どもたちと一緒に行ってもいいよ」とも。子どもたちは親がいなくとも生きていける歳になっている。そして子どもたちには未来がある。私は充分に生きた。私も死ぬならここで死にたい。私も残る。

　帰ってきた息子は逃げることに迷い始めていた。一度決めたのだから、迷わずに行けと励まし、出かける準備をさせた。前日山形まで逃げた友人が普通2時間もあれば着くのに、6時間もかかったと連絡してきた。車の渋滞。途中で何が起こるかわからない。車の中で寝ることになるかもしれないと、毛布や水、食料、着がえ、トイレットペーパーまで私の軽自動車に積めるだけ積んだ。幸いにも卒業式の帰りにガソリンを満タンにしていた。春休みに入ったら思いっきり遊ぼうと娘と約束していたから。

緊張した顔のふたりが車に乗り込みドアをしめる。

「唯を、妹を頼むよ」

いつもの散歩道で棚田を見つめる愛犬のソラ

出てゆく車に手を振っていたら突然涙があふれた。もしかしたらもう二度と会えないかもしれないと思うと、涙が止まらなかった。戦争中、学童疎開で子どもたちを送り出した親の気持ち。昔はもっともっと小さな子たちとの別れがあったのだ。

日本の歴史に刻まれるであろう東日本大震災と原発事故。いやおうなく巻き込まれた多くの生命。天災プラス人災。一年後の今、私たち家族はまた一緒に暮らしている。

山形へ避難した息子は2011年4月1日からガソリンスタンドのバイトが再開。娘も受験した高校に入学が決まり3月31日に戻ってきた。娘は、山形での何も変わらない普通の生活に福島とのギャップを感じ、とても不思議な気持ちだったと言う。

その後息子に福島を出ることをすすめたが、都会が嫌いで、親しい友だち皆がいる、ここを離れる気はないと言う。娘は高校を卒業したらここを出る、帰るつもりはないと今は言っている。

津波で失われた数えきれない尊い命を想えば、放射線量を気にしながらも生きていることがありがたい。

## 子どもたちは戻ってきたが、事故以前と同じようには生きられない！

里山の自然の中、春夏秋冬それぞれの景色の美しさ、山の恵みのおいしさ、自然のふところの深さ、あたたかさ、そしてまた厳しさを感じながら生きてきた。野ウサギやリスの姿を見つけると、人間も他の動物と同じく生かされているのだ

庭で遊ぶトウマル

と謙虚な気持ちになる。

放射能に色はなく、『沈黙の春』のように鳥たちが歌わないわけではないが、すべてが変わってしまった。54年かけてたどり着いた暮らしなのに生活を楽しむことができなくなったのだ。今年も健気に咲いた庭の白木蓮の花、梅の花の香り、満開の桜、それらが美しければ美しいほど、涙が出そうになる。自然を汚してしまったのは私たち、おろかな人間が放射能をまき散らしてしまったから。想定外の地震、想定外の津波、想定外の原発事故によって最悪の出来事が起こってしまったと言い訳を続ける馬鹿な人間たち。人間の手におえない原発で電気を作ってはいけないのだ！ いつの間にか、この狭い日本、地震国日本に54基もの原発を建ててしまった私たち大人の責任は大きい。２０１１年2月、反プルサーマルで県庁前に立った時、あまりの関心のなさ、われわれの無力さにあきらめにも似た空しさばかりを感じた。そして事故が起こった。せめてもの慰めは、ドイツやイタリアが脱原発へと舵をきったこと。しかし日本は大飯原発を再稼働し、外国に原発技術を輸出しようとさえしている。自国の事故の完全収束すらしていないというのに！ こんな危険な物を持ってはいけないと声を大にして言うべきではないのか。

一人ひとりが自分の生き方を見直す時なのだ。何を求め、何を大切に生きるのか。「見ざる、聞かざる、言わざる」の無関心に決別し、立ち上がる時なのだ。

私は日本の原発すべてが廃炉になるまで絶対あきらめずにたたかう。

子どもたちの未来のために。

自然を汚してしまった罪を少しでも償うために。

そして何よりも私の人生を取り戻すために。

# 疲れているひまはない

地脇美和

2011年3月11日、激しい揺れに見舞われたとき、私は車で、村に唯一の大型スーパーの前の交差点で信号待ちをしていました。あまりの激しい揺れに、全く動くことができませんでした。少し揺れが収まり、西郷村にある自宅に戻ると、あらゆるものが床に散乱し、水道もガスも電気もライフラインが全て止まっていました。

私の家は鉄筋コンクリートの団地で、建物への被害はなく、自宅周辺のごく一部の地域は、夜にはライフラインはほぼ回復しました。じょじょに明らかになる被害のすさまじさに圧倒されながら、「支援に行くか」、「自宅で避難者を受け入れるか」、自分に何ができるのかを考えていました。その時は、自分自身が避難することなど、全く考えていませんでした。

12日に、やっとつながった電話で、実家へ安否を伝えました。その後、県外の知人たちから、「福島の原発が危ないらしい。すぐに、避難したほうがいい」と

ちわき　みわ
福島県西郷村に住んで6年目。夫と2人暮らし、主婦。1970年生まれ。震災前はハーブや野菜を育てスローライフを楽しむ。

教えられました。みんな、必死で電話をかけ続けてくれたそうです。夫は転勤族で、福島に来て5年。私は前年の12月まで不妊治療の薬の副作用のため、あまり外出できず、知り合いがなく、情報もありませんでした。沿岸に原発があることは知っていましたが、深く考えることもなく、原発についての知識もありませんでした。その時、テレビのニュースも、村の防災無線でも、原発についての情報はありませんでした。私は、正直、「全てを捨ててでも、逃げないといけない」状況だと実感できず、自分だけ逃げてもよいのか、その後ろめたさだけがありました。

13日の夕方、車に少しの食料と水、毛布、3日間の着替えと貴重品だけをもって、家を出ました。自宅が中通りで、栃木県の県境がすぐだったこと、仕事以外に、なんのしがらみもないことが幸いしました。それから、4カ所を転々とする1カ月の避難生活が始まりました。

「原発が爆発した」というニュースを聞いたとき、「もう、終わりだ……」と涙があふれて止まりませんでした。それから原発、放射能についてインターネットで情報を集め、一生懸命勉強しました。自分の無知、無関心を猛烈に後悔し、次々と明らかになる被害のすさまじさとそれを隠蔽しようとする人たちのでたらめさに腹が立ちました。1カ月後、福島に戻ることを決め、生活上気をつける「我が家の10箇条」を夫が作ってくれました。しばらくは、不安と恐怖で外出を控え、どうやって、ここで暮らしていったらいいのだろうかと、ネットの様々な情報を見ながら、涙とため息の毎日でした。私は、だんだん放射能の危険性よりも、この破局にいたってもなお、被害を認めず、避難を認めず、命より経済優先の「安心神話」を繰り返す人たち、無関心な人たちに対して恐怖を感じるようになりました。

## 女たちとの出会い

1カ月を過ぎたころ、私以上に夫の精神状態が悪くなっていることに気づきました。閉じこもって、泣いていても、なにも変わらない、このままではいけないと思い、ネットで検索した「子どもたちを放射能から守る福島ネットワーク（子ども福島）」の講演会に参加しました。その後、いろいろな行動に参加するうちに、知り合いができ、武藤類子さんに「女性たちで行動を起こそう」と声をかけてもらいました。その時、集まった女性たちで「原発いらない福島の女たち――経産省前、3日間の座り込み（女たち）」をやることになりました。

「女たち」一人ひとりは、これまで反原発の活動や労働運動、社会活動など、それぞれ自分のフィールドを持ち、活発に行動する、魅力的でパワフルな方々でした。その頃、県内では「安心・安全キャンペーン」が力を持ち、「放射能」を世間話にすることも難しく、県民同士が分断され、閉塞感、無力感がただよっていました。問題がなにも解決していないのに、福島が忘れ去られようとしているという焦りもありました。「座り込み」は短期間のうちに準備をし、福島県内から100人以上の女性たちの賛同、参加をえて、また全国の女性たちからの励ましと参加で大成功でした。被害者自らが、立ち上がり、声を上げ、行動を起こすことの重要性、自分たちでも風を起こすことができると実感でき、大きな自信になりました。同じ思いを持ち、話し合い、行動する仲間がいる、私に「明日も生きていよ

2012年５月には、「放射能防護に関する科学者と市民のフォーラム」（スイス）に参加した。

う」と思わせてくれました。

私は、白河で地域の方と市民放射能測定所「ベク知る」の運営をしています。福島県は、農家さんだけでなく、家庭菜園はあたりまえ、自然環境にひかれて移住した方も多いです。すぐ裏山でたけのこや松茸、山菜が採れ、川には魚が泳ぎ、自然の恵みいっぱいでした。今では、それらを不安な思いで眺め、測定をして食べています。そこにはさまざまな苦しみと葛藤が伴い、話を聞くたびに本当につらくなります。

5月に「放射能防護に関する科学者と市民のフォーラム」（スイス）に参加し、科学者と共同し、市民自らが、行動を起こさなくてはならない、次々と問題は起こるが、疲れているひまはない、今、やらなければ、子どもたちや全ての命を守れないのだと覚悟を新たにしました。少しずつですが、確実に変化が起こっています。あきらめることなく、進んでいきたいと思います。

自宅から100メートルほど離れたところに白川高原ふれあい牧場がある。牛と馬。

# 新たな出会いをたぐり寄せ

## ――福島から高知に避難して

芳賀治恵

何が起こってしまったのか……。

避難先の西日本では共有できないこの思い、あの日2011年3月11日から……私たちは出口の見えない別の世界へ放り込まれてしまったような気がする。

あの日、私たち家族は、福島第一原発から約80キロ離れた福島県南部の矢祭町から、3月末には原発から約30キロほどの場所へ、親との同居を決め購入したばかりの新たな土地へ、転居の予定で荷造りをしているところでした。

新天地での新たな暮らしに胸ふくらませていたあの頃。娘は新たな学校生活を楽しみにしていました。私たちが引越してくることを楽し

はが　はるえ
福島県矢祭町から引越しの決まっていた『いわき市川前町』へ転居しないまま、高知県四万十町へ避難した・三児の母

みに待っていてくれた大家さん……様々なことの相談にのり、助けてくれた土地仲介業の社長さん……近くに暮らして、これからはたくさん行き来し、楽しいこともいっぱいできるね!!と話していた友人たち……そんな方向へのベクトルが、あの日のあの瞬間を境に、引き裂かれてしまいました。

原発が爆発。逃げなければならないと思いました。すぐに逃げなければ、私たちやこの子たちはこの先どうなってしまうのか？　ここへは戻れるのか？　福島は戻ってきてもよい場でいてくれるのだろうか、チェルノブイリのようになってしまうのだろうか？　何も分からなかったけれど、まずは逃げるしかないと思いました。

今までの暮らしは崩れ去りました。どこで暮らしていけばいい？　不安な中、古い縁や持てる知恵、新たな出会いの糸をたぐり寄せ、私たち家族は、何とか、高知の四万十町へ避難して来ました。今日の、この暮らしにまで、やっとたどり着いた気がします。慣れない土地での暮らし。1年以上経つ今でも、毎日がまるで追いかけっこでもしているようで、日々落ち着かない気持ちです。

安全な場所へ、遠くへ、遠くへ。福島から離れれば離れるほど、逃げれば逃げるほどに、現地との温度差は広がり、現状は見えず、乖離されたまるで別の世界の現実で生きているようで……。これも現実なのだけれど、まるで別世界、まさにそのような感覚。今、二つの別世界が併存しているようです。私の中で。そしてこの日本で。この、今、日々、私の見ている世界は、生身の人びとや自然が生き交う世界であるにもかかわらず、何だか虚構の世界に放り込まれてしまっている感覚を常に抱えながら、生きています。どんなに私が訴えようと、泣こうとわめこうと、それは通じない気がしています。どこまで行っても交わることのない世界、それは、実体験の有無ということになるのでしょう。未体験のことを知識や想像だけから体感することはできないから、それは仕方のないことと、あきらめる他はないと、最近思うようになりました。

## 福島の体験をどう生かしていくのか

高知に避難してからの暮らしの中で、我が子の学芸会や入園式、卒園式などで、子どもたちの成長に目を細める親たちの姿に出会いました。だけど、この狭い日本の中で、我が子の成長の行く末、未来に不安を抱きながら、未だに、今、この瞬間、この時にも、福島に暮らさざるを得ない方々がいることを重ね合わせると、いつも涙が止まらなくなります。春の訪れを告げる鶯のさえずりを聞いても、「あぁ、毎年福島で、冬から春へのこの頃をどんなに待ちわびて暮らしてきたことか……」そう思うと、高知での鶯のさえずり、春の訪れさえも、素直に喜べない自分がいます。

目の前の現実を素直に受け入れ、これからの未来に邁進したい思いの一方で、今なお放射能の被害に不安を抱き、苦しんでいる福島の方々のことを思うと、福島を置き去りにはできないという思いがあり、福島のためにできることは？　と、日々思いながら暮らしています。そして、大飯や伊方、玄海や川内など、西日本の原発の再稼働が危ぶまれる中においては、やはり、私たちはどこへ行こうと、私たちの暮らしはその問題とつながっています。見て見ぬふりはできません。震災の記憶が過去のものとなりつつある現在の西日本においては特に、脱原発の声を上げ、他人事ではないという意識を周囲と共有していけるよう、働きかけ続けていくしかないと、決めています。

福島の体験を、どう受け留め、どう活かしていくのか。それが、これからの人生の課題であり、目標となってしまった気がしています。

見たくないもの、知りたくないこと、暗い暗い闇の世界、一体そこに何があるのか？　これからどんなことが起ころうとしているのか？　目をつぶり、耳をふさいでやり過ごせば、今この瞬間くらいは乗り切れるかも知れません。

私はどうして逃げたのか？　それは、幼い３人の子どもたちのため。この子たちがいなければ、私の中に、避難という選択があったかどうかわかりません。

## “避難生活”が“生活”そのものになるように

未来につなぎたい。生きることは苦しくても、原発が爆発して、放射能が降ろうとも、私たちは生きています。今朝も目覚め、天から受けた命は、今日も生かされているという現実がある以上、どんな世界であろうと、生きていく他はない……、きっとそれしかないのだと……。

何だかポツンと放り込まれたように、心のどこかで感じている、今この場所での暮らしを、日々、乗り切りながら、避難してから今日まで、どれだけ多くの方々のご縁をいただき、助けら

2011年３月12日余震が続くなかで３人の娘たちと福島でとった最後の写真。この時は原発爆発前で、まだ避難までは考えていなかった。

れ、親切にしていただいたことかと感謝しながら……。一方で、自分の中にある心の乖離、被災地とそれ以外の場所との現実の乖離に悩み、心を痛め、半ば絶望を感じ、途方に暮れながらも、前を向いて歩いていこうと思います。

これからの私たちの未来のため、そして何より、未来をつなぐ子どもたちのために、人とのつながりを新たに紡ぎ直しながら、私にできることを積み重ねていこうと思います。それは、今、この時代、この世に生を受けたものの責任ではないかと思っています。福島から避難した私たちの暮らしが、そして、避難した全てのみなさんの暮らしが、〝避難生活〟ではなく、〝生活〟そのものに変わる日が、1日も早く来る日を願いながら……。

まずは、日本全国の原発を止め、廃炉にすることで、スタートラインに立てると思っています。福島と同じ痛みを、決してもう二度と、だれも味わう必要は、どこにもありません。もうこれ以上、人間の愚かさを見たくはありません。福島で今も暮らす方々の心の痛みを、どうか忘れないで、みなさんの心を傾け続けていてください。

福島から高知に避難した、一人の母からの切なる願いです。

# 娘一家は九州へ

橋本あき

3・11㈮には産後間もない娘と生後2カ月の孫と一緒に家にいました。ちょうどあの14時46分には夕食の準備をしていました（毎週火・金の午後は塾の手伝いをしているので早目に作り置きしているのです）。突然の地震。今までにない激しい長い揺れに驚き、孫を毛布に抱きかかえ、娘と外に出ました。それまでは晴れていた空が一変して真っ黒な雲におおわれ、横なぐりの雪になりました。大地が揺れ、家々は倒壊するのではないか？　本当にもう「この世の終わり」と思えました。恐怖の余震が続き、いつまでも外にいる訳にもいかず、とりあえず私の軽自動車に入りました。余震の収まるのを待ちながら、家の中から赤ちゃん用のミルクやらおむつやら持ち出し、しばらく車の中にいました。軽自動車自体が軽いので、もう地震で揺れているのか風で揺れているのか区別がつかず落ち着きませんでした。夕方早目に会社から帰宅命令のあった夫が帰って来てから、家の中を片付けてもらいなんとか家の中に入ることができまし

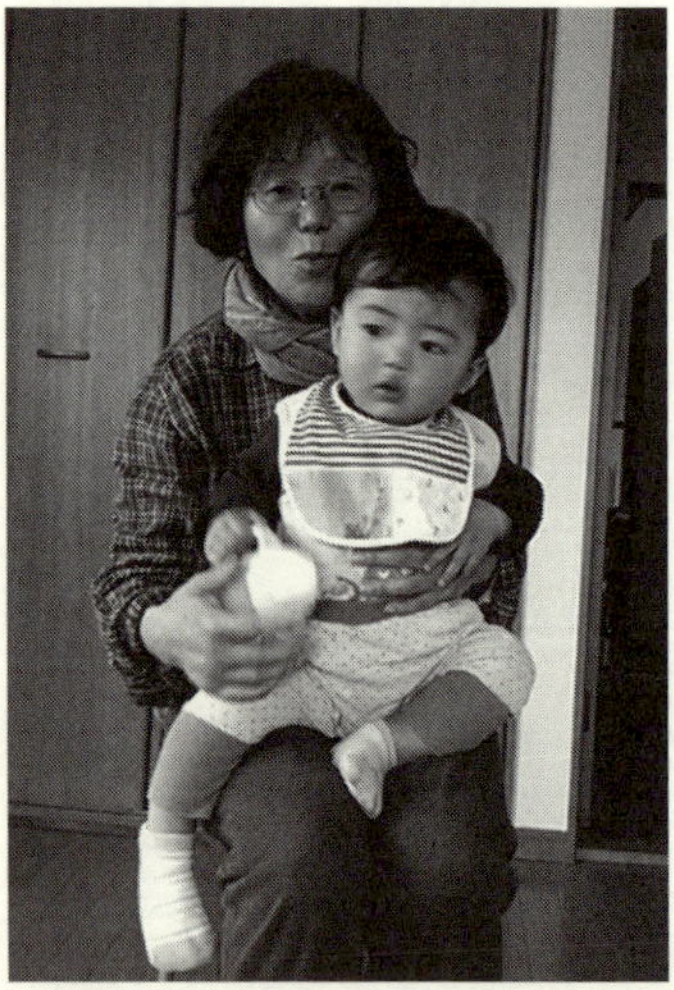

はしもと　あき
福島県郡山市生まれ。今でも郡山市在住。学習塾公文のお手伝い、たまに子育て支援センターのサポート

た。ガスと水道は止まってしまいましたが電気だけは通じていたので明かりと暖はとれ、本や食器等が散乱している中でも家族の無事を喜び合うことができました。

テレビやラジオ報道で知った浜通り地方（福島県の太平洋側）の津波の大きさに驚き友人たちの安否がとても心配と同時に、福島原発はどうなるのか？　こちらもとても不安になりました。

やはり原発事故は起きてしまいました。

私は14〜15年前にチェルノブイリ原発事故（86年当時はあまり意識していなかった）を知った頃から反原発のことを知りました。時期はズレますが福島第一原発2号機と女川原発の見学ツアーもしたことがあります。両方ともキレイなお姉さんがガイドしてくれたことを覚えています。「〇〇〇だからここは安全なのです」と説明してました。懐疑心いっぱいの私はウソだ！　ウソつきとつぶやきながら聞いてまわりました。

政府・東電のぐうたらな発表に苛立ち、今すぐに避難しなきゃと思いながらも即決断はできず結局家の中にいる選択をしてしまいました。

――去年の日記：16日(水)　夕べ寝ながら娘と被曝の話をして家にいることを決める。日本のどこへ避難しても同じではないかと結論を出す。でも、横浜の義姉から「今すぐウチにおいで」と言われ、悩む私と号泣する娘。娘一人では赤子を育てるには難しいだろうし……。

どこかへ避難させなきゃと日々ずーっと私は考えていましたし、娘夫婦も山形や新潟を探していたようですが決定するまでには至りませんでした。

福岡県春日野町の公園で。娘と孫。

私にはシドニー在住の妹がいます。３・11から毎日電話で「一刻も早くフクシマから離れて」「遠くへ避難して」「外国の報道の方が信じられる」等々言ってきて、私の方でもいろいろと考えているのにと苛立ちがありました。悶々とした日々が何日も続くと、もうどうにでもなれと、シドニー行きを決めました。夫を納得させ、娘の夫には内緒で心苦しさはありましたが10月末から約１カ月のシドニー行き決行でした。

シドニーはとても快適でした。まだヨチヨチ歩きもできない孫に初めてのクツをはかせ浜辺や公園をお散歩しました。空気を思いきり吸える喜びは例えようもありません。お陽さまの下で洗たく物が風になびくその様子には涙があふれました。いままではなんでもない風景だったはずでした。

11月末には日本に帰り、寒くて放射能まみれの生活に戻りました。しばらく別れ離れに暮らしていた娘夫婦は、今後の生活の基盤を九州に持つことになり、やっとこの一月に引越（避難）することができました。ホッとしています。

去年は放射能汚染でほとんど手付かずの庭でしたが、今年も何事もなかったようにいろいろ芽吹いています。悔しいけどブルーベリーとザクロの木は根こそぎ撤去。アスパラガスと山椒の木は根こそぎはできない。いろいろな草たちと伸び放題の野菜たち、放射線量は０・５～０・８です。食べられないストレスが胸の内で交差している昨今です。

右　奥にあるザクロは根こそぎ撤去した。真ん中辺にのび放題のアスパラガス
左　郡山市公会堂前で線量計は１マイクロシーベルトを表示した（2012年５月24日）。

去年10月に「原発いらない福島の女たち」が発足していました。私は初回の10月の東電へのデモ時には参加できませんでしたが、12月の東電へのご用納めから参加して今に至っています。何が正しいのか悪いのか、ときどき解らなくなることもあります。でも、「原発のない生活はできる」と確信しております。

わすれられない
コトバ④

# 病気になるまで思っていた「国が管理しているから大丈夫」と…

## 原発労働者で初めて悪性リンパ腫で労災認定を受けた　喜友名《きゆな》正《ただし》さん

沖縄出身。各地の原発で 6 年 4 カ月働き、2005 年に悪性リンパ腫で 54 歳で死亡した。がんになった多くの原発労働者のうち労災認定された、わずか 10 人のうちの 1 人。遺族が労災請求した。6 年不支給の決定を乗り越え、全国の支援を受けて 2008 年 10 月 27 日の労災認定となった。

妻末子さんの強い思いと医師・弁護士・支援する会との連携とで勝ち取った労災認定である。マスコミ報道もあり、15 万人以上の署名が寄せられるなど、全国規模の支援があった。日本の被ばく者だけでなく世界の被ばく者に力を与えた一歩だった。

原発の被ばく労働者数は 40 万人とも言われるが、労災申請は非常に少ない数にとどまっている。企業の圧力・買収により労災申請に至らなかった事例や労基署の門前払いやずさんな扱いで「不支給」となった事例もある。(原発労働者の労災申請は 2008 年までで 18 件)

※喜友名さんの被ばく量は 6 年 4 カ月で 99.76 ミリシーベルト、1 年あたりで 15.8 ミリシーベルト。※労災認定された 10 人のうち白血病が 6 人。累積被ばく線量は 129.8~5.2 ミリシーベルトだった ( 最小被ばく量はたった 5.2 ミリシーベルト！)。このほか多発性骨髄腫が 2 人で、それぞれ 70.0、65.0 ミリシーベルト。悪性リンパ腫も 2 人で、それぞれ 99.8、78.9 ミリシーベルトだった。※放射線影響協会データによると事故前 20 ミリ被ばく労働者は約 35000 人いた。

福島原発の事故で 100 ミリシーベルトを超えて被ばくした人は 167 人いる。50 ～ 100 ミリシーベルトは 697 人。(厚労省 2012 年 1 月 31 日)

厚労省は、緊急時の被ばく線量の上限を、福島の復旧作業に限り 250 ミリシーベルトに引き上げ、年間 50 ミリシーベルトを超えても指導は行わず、5 年間で 100 ミリシーベルトを超えないよう指導することにした。(2011 年 11 月に「5年で 100 ミリシーベルト・1年で 50 ミリシーベルト」の通常レベルに戻した)

原発労働者の被ばく管理のずさんさが度々報道されている。「作業員被ばく検査、未受診１０人なお不明」(『毎日新聞』2012 年 8 月 14 日)「線量計に鉛カバー強要　収束作業で被ばく線量偽装図る」(『朝日新聞』2012 年 7 月 21 日) など。
被ばく労働者が増える懸念、被ばく量が隠蔽されている可能性は否定できない。

絵と文　大越京子

わすれられない
コトバ⑤

# 福島原発事故は、水俣病と似ている

## 水俣と福島に共通する10の手口をとく
## アイリーン・美緒子・スミスさん

環境市民団体グリーン・アクション代表。大震災後は、環境市民団体代表として何度も福島を訪れ、経済産業省前のテント村にも泊まり込んだ。夫で世界的に著名な写真家ユージン・スミスさん（故人）とともに、水俣病を世界に知らしめた。米スリーマイル島原発事故（79 年）の現地取材後、京都を拠点に約 30 年間、脱原発を訴えてきた。

「水俣病は、日本を代表する化学企業・チッソが、石油化学への転換に乗り遅れ、水俣を使い捨てにすることで金もうけした公害でした。(※) 被害を水俣に押しつける一方、本社は潤った。福島もそう。東京に原発を造れば送電時のロスもないのに、原発は福島に造り、電力は東京が享受する。得する人と損する人がいる、不公平な構造は同じです」

※有機水銀が原因であることを隠蔽し続け、被害を拡大させた。

■水俣と福島に共通する１０の手口■

１、誰も責任を取らない／縦割り組織を利用する
２、被害者や世論を混乱させ、「賛否両論」に持ち込む
３、被害者同士を対立させる
４、データを取らない／証拠を残さない
５、ひたすら時間稼ぎをする
６、被害を過小評価するような調査をする
７、被害者を疲弊させ、あきらめさせる
８、認定制度を作り、被害者数を絞り込む
９、海外に情報を発信しない
１０、御用学者を呼び、国際会議を開く

「街に、職場に、家族の中にすら、対立が生まれています。でも、考えて。そもそも被害者を分断したのは国と東電なのです。被害者の対立で得をするのは誰？」
(『毎日新聞』2012 年 2 月 17 日)

福島の人々の姿に、水俣で見た光景が重なるというアイリーンさん。原発報道と並んで報道される水俣の今。救済は不十分なまま、国は 7 月 31 日に水俣病申請を打ち切り幕引きを急いでいる。何十年も前の証拠を求められ、対象地域や年齢で区切って非該当とするなど、認定は困難だ。水俣を考えることは福島の将来を考えることだ。

絵と文　大越京子

# 原発事故の暗闇の中から

## ――人間だけが避難する身勝手を許してほしい

浅田眞理子

　この1年間、真っ暗なトンネルの中で足元だけが懐中電灯に照らされているという感じだった。過去にも未来にも意識的にシャッターをおろしていたともいえる。振り返ればそこは涙の海となり、先のことを思えば、帰れるのか帰れないのか等々、悩みの泥沼にはまってしまうと感じていたから。その中でできることはこんな悲惨な状態は私たち限り、フクシマで終わりにしなければという強い思いを形に表すこと。おのずと脱原発を訴える活動が生活の主体となっていった。時々、何故ここで生活しているのか、まるで宙に浮いたような現実感のない生活、根無し草の生活は言葉では表現のしようもないほどの虚しさを味わいながらそれでも生きて、訴え続けた。

　事故直後、これで世の中が変わるという期待があった。先の戦争、ハンセン病、水俣病、エイズと政治の犠牲者は後を絶たない。そして

あさだ　まりこ
田村市都路⇒金沢市（仮住まい）

今回もまた多くの犠牲者が生まれた。市民の一人ひとりが無関心から目覚め、その意思が反映される世の中になって欲しい。今回の原発事故がそのきっかけになれば犠牲になった福島県の人びとも少しは救われる。しかし、人びとはあきらめているのか、口をとざしたままだ。そして権力とは何と強いものだろう。

目を閉じ、自分の心と向き合ってみる。哀しみだけがいっぱい、いっぱい詰まっている。1年たってようやく心というか気持ちが頭で理解していることに近づいてきた。田村市都路での生活を振り返ることもできるようになった。だからまずは喜びを、微笑みを、感動を、生きる知恵を与えてくれた都路にすむすべてのものに「有難う」って言いたい。そして「ごめんね」と。最初の爆発があった日の夜、避難指示の行政無線をきき、あわてて我が家を飛び出してきた。人間がそこを汚したのに人間だけがそこから避難する身勝手を許してほしい。

田舎暮らしにあこがれて都路村に移住して16年。田んぼで稲を、畑では豆、雑穀、野菜を育て、エゴマからは油を絞った。雑木林は手入れを兼ねて木を伐採し、薪ストーブの薪とシイタケやナメコのほだぎに使った。1日が24時間では足りないほどやりたいことがあった。自給的な生活は満ち足りていた。季節を忘れず芽を出し、花を咲かせ、実をつける草木、リスやウサギなどの小動物、小鳥たち、蛇や蛙、蝶やトンボ、名も知らぬ昆虫の数々、そして目に見えぬ微生物に至るまで共に生きる喜びを味わうことができた。畑を荒らしたイノシシやタヌキ、ハクビシンも。もちろん人間もこの自然の環の中で生かされている。その幸せを実感しながらの自然の営みにあわせた生活だった。けれど原発から出た放射性物質はこの自然の営みの環をズタズタに切り刻んでいる。いつか戻れる日がくるまで、植物も動物も虫も命をつないでほしい。切なる願いだ。

モミガラを焼いて燻炭を作る。微生物の
働きをよくするために田畑に入れる。

今、都路は全ての住民が戻れる地域になろうとしている。20ミリシーベルト／年以下の放射線量で安全だと。放射線管理区域という法律がある。5ミリシーベルト／年の区域は18歳未満の人は立ち入り禁止。特別の許可を受けた人のみが作業できる区域だ。その法律を無視しての今回の政策。今はまだ報告されてない健康被害はこれから先も生じないのだろうか？　未だ続いている余震で再度の事故は起きないのだろうか？　除染は効果があるのだろうか？　作物は作れるのだろうか？　みんな帰ってくるのだろうか？　そんなところで暮らして、生きている喜びが感じられるのだろうか？　人間らしい生活とは？　いくつもの疑問がとめどなく湧いてくる。

都路だけの問題ではない。何時何処で大地震が起きるかも知れないといわれている日本で本当に原発再稼働してもいいのだろうか？　原発よりもっと怖い「もんじゅ」や「再処理工場」は完全に停止しなくていいのか？

そもそもがれきを焼却処理していいのか？　がれきを放射能汚染が少ない地域まで運んで処理することは放射能の拡散にならないのか？　見直された食品の基準値は子どもたちにとって本当に安全なのか？

放射性物質の問題は人間の命の問題です。つまり、一人ひとりの問題です。人間は放射性物質の処理技術をもっていません。しかも放射性物質は人間の命の時間をはるかに超えて留まり続けます。未来の「いのち」の問題でもあります。今を生きる私たちに課せられた問題です。どうぞ今なお続いている福島第一原発事故を忘れないでください。そして、一人ひとりが自分だったらどうすると自問してください。政府や企業に任せるのではなく、意思を伝えていきましょう。私たち一人ひとりがこの世の中を創っている主役なのですから。

上　「こんなりっぱなサツマイモが採れたよ」
下　黒米の田植え。3坪程の水田で黒米を育てた。

# 子どもたちも孫も来ない、ご先祖さんに線香もあげられない故郷

鈴木恵子

## 5カ所の放浪生活、姑は「震災と避難生活のショック」で……

原発事故によって広野町の自宅から避難するように言われ、喜多方、会津高田、郡山市、福島市渡利、福島市庭坂と、夫と姑の3人で、9カ所の放浪生活をしてきました。楽しみが奪われ、地震の片付けに家に戻ることもできず、原発事故と見えない放射能、苛立ちを感じていた矢先に、再び我が家に激震が走りました。42年間一緒に暮らした姑が亡くなったのです。死因は「震災と避難生活のショック」と診断されました。

家は「緊急時避難準備区域」に指定されているうえに、お寺の本堂も墓地も津波と地震で破損しているため、お葬式も納骨もできず、住んだことのない土地で、身内のみの「火葬」を行いました。

死んだあとも姑を自宅に帰してあげられない悔しさ。でも、いつ戻れるかわか

すずき　けいこ
1947年福島市生まれ。結婚して広野町に住む。自宅で着付け教室をしながら、町保健協力員、統計調査員などにも従事する。福島県国際交流協会会員。「福島民報」紙上の「民報サロン」にエッセイ掲載。2012年7月現在、10カ所めの避難先福島市の借り上げ住宅にいる。

らない家でも守ってくれる仏様がいること、避難先があることへの感謝を忘れないで、自宅のハンガーにぶら下げたままおいてきた袷《あわせ》の着物に袖を通してあげられることを願っています。

夫は、弟が始めた「SUZUKI天体観測所」を引き継いでボランティア活動をしていました。「星の降る里」と銘打って、2010年の冬はJビレッジの広々としたグラウンドで観測会をしたんですよ。震災のあと、皮肉なことに住宅の明かりが減って、星がすごくきれいに見えます。移動式の望遠鏡をアメリカから輸入して、いわきの仮設住宅で、子どもたち向けに「星を見る会」をやりました。

でも夫は体調が悪くなって12月7日に入院しました。退院後も避難生活で、治療ができる病院は遠く、高速で片道2時間くらいかかります。移動だけでも疲れてしまい、なかなか回復しません。海岸側の病院は閉鎖された所も多く、お医者さんも不足しているようです。これも原発の二次被害ではないでしょうか。

「ふつうの生活がどういうものか、忘れてしまった」と夫は嘆いています。

12月はじめに広野に戻ってみたとき、車が通るのは駅前の通りだけでした。それも原発作業の大型トラックばかり。商店はすべてシャッターが閉まり、住民の車は通らないし、我が家のまわりも人っ子ひとりいませんでした。

自宅は学校のすぐ隣でしたが、子どもたちは他の土地に避難して、チャイムの音も聞こえません。小学生、中学生、保育園や幼稚園児、みんな別の場所に移転しています。すべて「無」の世界、私も無気力、無感覚で虚無感というのでしょうか、「無」の精神状態です。

SUZUKI 天体観測所の前に立つ鈴木恵子さん（中央）と夫（左）。
福島ラジオのURLより。
http://www1.rfc.jp/hamakaido/2011/02/post_a5f1.html

## ベラルーシの子どもたちの保養も断念

私は、チェルノブイリ原発事故の時の孫世代、7、8、9歳のベラルーシの子どもたちを里親で受け入れていたんです。「かけはし愛染の会」というグループで、20数年前の福島県の国際交流がきっかけでした。世界各地が、ベラルーシなど放射線の高い地域の子どもたちを保養に受け入れていて、日本では北海道はじめ全国で受け入れました。来たときは青白くて顔色の悪い子たちが、1カ月間、福島のきれいな空気を吸って新鮮な食べ物をたべると元気になっていくんです。白子の顔や足の指がくっついてる子、白血病や甲状腺の病気など、障害のある子でした。

ところが原発事故で、2011年の夏はできなくなりました。ベラルーシの子どもたちは、「日本で大事にしてもらって、いい空気や食べ物をもらったから、大きくなったら日本のために力になるね」と言って帰国するのです。うれしいですよ。逆の立場になっちゃいましたね。

私は長年、自宅で着付け教室をしていました。その生徒さんたちも、原発事故で散り散りバラバラ。震災以来、閉校の状態で失業です。私は幼稚園から高校卒業まで、福島市内の桜の聖母に通い外国人教師も多かったせいか、国際交流に関心がありました。県の国際交流行事では、外国人の女性に振り袖の着付けボランティアをして喜ばれたものです。着物姿というと「おしとやか」という印象ですが、外国女性は振袖姿のまま垣根をかきわけたり、ディスコで踊るように動いたり、民族衣装に対する意識の違いが面白かったですね。言葉は通じなくても「心のふれあい」が楽しくて、ベラルーシとの国際交流も続けてきました。

「母子推進員（保健協力員）」として生後3カ月から3歳児までの身長・体重を測ったり、「交通安全母の会」で黄色い旗を片手に通学路であいさつをしたり、子どもたちが広野町で安心して成長していけるように見守る活動をしてきました。夫は天体観測所に3千冊の「がらくた文庫」をつくって、地域の子どもたちが遊びに来て楽しんでいました。

日本で初の肉食・草食恐竜化石が広野町で発見されたときは、家族で「ふるさとおこし」に協力したんですよ。私は小袋を縫って恐竜の図案染色、娘はキャラクター「恐竜のカモハシ君」をデザインして、手ぬぐいや湯のみ茶碗に印刷、恐竜クッキーを焼いたりして登場。夫は恐竜の看板を作って駅構内に飾ってもらいました。

その広野町が、こんなことになってしまうとは。広野町には原発はないんです。火力発電所があるのですが休止していたのを、原発休止と電力不足のため稼動させたのです。

我が家には、娘や孫、夫のきょうだいの子どもたちもよく来て、バーベキューをやりました。あの幸せが、無になってしまったのです。この前バーベキューをしたときの炭の残りが納屋にあります。もうあの炭でバーベキューできないのかと思うと、切ないし悔しいです。家の中の物も、一つ一つ愛着がありますから。帰れない今、主のいない家の柱も、鏡もタンスも、私の財産だったんだと感じます。先の見えない広野町に、子どもたちも、孫もこない。ご先祖さんにお線香もあげられない。まさか自分の孫たちが放射能の被害にあうとは思ってもみませんでした。「影響ない」って言うけれど、ベラルーシの子どもたちを知っているので、そんな楽観的にはなれません。

娘は結婚して、福島市の渡利にいます。福島市でも放射線の値が高いホットスポットです。5月初旬に、孫の学校で運動会がありました。去年は体育館でやったので外で運動会ができることは喜ばしいのかもしれませんが、放射能の影響を考えると、なんともいえない気持ちです。

＊広野町は2012年３月に役場を避難先のいわき市から戻し、８月27日、広野町立小中学校と幼稚園・保育所が本来の校舎にもどった。住民約5100人のうち町内に戻ったのは、１割に満たない。『東京新聞』夕刊、2012年８月27日より

# これ以上、奪われない、分断されない

## ――福島を出たあの夜からの1年

宇野朗子

震災発生10時間後に、緊急避難で福島を出たあの夜から、1年が経ちました。相変わらず、生活をかろうじて保ちながら、心と身体のエネルギーの大半は、福島に向けています。10月には猪苗代でハイロアクション福島の合宿、「原発いらない福島の女たち」で経産省前座り込みアクション、11月には福岡でさよなら原発1万人集会があり、12月初めには、自主避難者の損害賠償問題で文科省前行動などに加わりました。1月にはいわき市で脱原発福島ネットワークの合宿、2、3月は3・11を前にした各地の様々なイベントへの参加。去る3月10日には、ハイロアクション福島ほか2団体で、シンポジウム「福島原発事故被害者のいのちと尊厳を守る法制定を求めて」を開催しました。次は福島原発告訴運動がスタートします。それから、環太平洋原子力会議、核安保サミット、原子力産業サミットが韓国で開催されるので、韓国

うの　さえこ
1971年生まれ。2000年より福島市に住む。10年３月より、福島県内にてプルサーマル反対、脱原発の行動を開始。脱原発福島ネットワークメンバー。「沈黙のアピール」呼びかけ人。ハイロアクション福島原発四〇年実行委員会委員長。３・11原発震災により、娘と山口・福岡で避難生活をしながら、国内外各地で福島の現状を伝え、福島の子どもたちを守る活動を続ける。著書『目を凝らしましょう。見えない放射能に』クレヨンハウス刊、2012

での抗議行動に参加する予定にしています。

奔走する私の傍らで、娘は先日5歳になりました。9月からは幼稚園に通えるようになり、彼女なりに苦労しながらも、お友達を作り、のびのびと遊べるようになってきたところです。福島の保育園、お友達が大好きと話しますが、その言葉はすでに博多弁です。幼稚園のお母さんたちが、降園後に娘を預かってくれたり、夕食を食べさせてくれたり、雨の日に車で送迎してくれたり……本当にありがたいです。先生からは「朝9時半までに幼稚園に送る、それさえしていれば、Iちゃんは大丈夫と思って！」と、くじけがちな私を、娘の生活リズムを作れるように励ましていただいています。父親は4月から四国なのですが、娘は行きたくないと言います。少なくとも夏まではふたりここで暮らし、その先のことは、それまでに考えたいと思っています。

パートナーは、3月末で福島の職場をやめて4月から四国の大学にうつることに決まり、先日、福島の官舎と研究室を引き払いました。彼にとってのこの1年は、本当に過酷だったと思います。彼は、大学の拙速・無責任な大学再開へ抗議を表明した数少ない教員のうちの一人でした。放射能汚染の現実と原発事故現場の危機の継続という渦中にありながら、まるで原発事故などないかのごとき福島の日常、学生もスタッフも守る気などない大学のトップ、「とどまり、除染し、復興」という翼賛的な風潮の中で、よく1年頑張りぬいたと思います。ゼミでは原発問題を話し合い、他の授業でも重要な情報を伝え続けていたようです。最後のゼミ合宿は、県外で、鎌仲ひとみ監督と共に、素晴らしい学びをしたそうです（『鎌仲監督VS福島大学1年生――3・11を学ぶ若者たちへ』鎌仲ひとみ・中里見博編著　子どもの未来社　２０１２年）。若い人が生活すべきところではない場所で、大学として学生の安全を守ることができないとわかっていながら、学生を預かるという深い倫理的葛藤は、大学を離れるにあたり、彼・彼女たちを残していくという葛藤へと変わっています。行くも地獄、とどまるも地獄です。

また彼は、関西の研究者とともに、地道な除染活動もしていました。高圧洗浄というような危険な移染ではなく、本当に必要な除染方法を模索する大変な作業でした。その中で、全身の筋肉が痛み動けなくなるという原因不明の異変もありました。そして何といっても彼は、私の活動と娘の生活を支えるため、最大限のことをしてくれました。4月から今まで、福島から福岡へ、月に2回以上は来て、家事育児を担いました。その間、私は活動に全エネルギーを向けました。これらのことを、地味に、淡々とやっていった姿に、私は尊敬の念を覚えています。

彼が福島に残っていたことは、毎日本当に心配で辛かったのですが、いよいよ福島を離れるとなると、ああ、本当に私たちは福島の暮らしを失ってしまったのだと、悲しみがこみあげてきます。こうやって、何度でも、失ったもの、奪われたものを確認してさよならしていく作業を続けていくしかないのでしょう。

娘の姉代わりでもあった猫の姉妹2匹は、自力で別の家族を見つけ、幸せに暮らしているようです。

## 被害者同士が引き裂かれていく

福島では、時間とともに問題は複雑化し、しかも深刻になっていると感じます。

東電や国のやり方は、被害者を分断しています。福島から出た人と、残っている人、あるいは、被ばくや原発事故に危機感を持っている人とそうでない人とが、自由にお互いの意見を交換することが難しくなっています。

私も賠償問題でテレビの取材を受けたのですが、やはり「自主避難」した人間への非難の声が聞こえてきました。福島に残る人の屈折した心情、苦しみを感じました。棄民政策のもとでは、被害者同士がお互いを求めながらも棄てあうような悲しい分断が起こってきます。これは広島・長崎や水俣などと同じ道筋です。加害者が、私たちを勝手に区別し、名づけ、賠償や公的支援を分配し、その過程で、私たちは引き裂かれていくのです。これ以上私たちを好きなように切り刻まれてたまるか、と私は強く思います。

3月10日に郡山で行ったシンポジウムも、そんな気持ちを込めてのものでした。採択した「福島原発事故被害者の権利宣言」は、福島原発事故被害者として、包括的な生活再建支援と健康の確保のための様々な施策を、国が第一義的に責任を負って行うための法的枠組みを求めています。その際、汚染状況や原発事故現場の状況などを正確にリアルタイムに開示すること、避難者に対して避難と生活再建の支援を保障することなどによって、一人ひとりの「自己決定」を可能にする条件を整えたいのです。その上での一人ひとりの選択は尊重され、いずれの選択をとっても生活が保障され、また状況変化によって選択が柔軟に変更できる、そんなしくみにしていきたい。

また、健康障害の予防と早期発見・治療のために、避難・保養・健康診断・調査・無償医療を求めています。原発事故被害者健康管理手帳を発行し、本人がその情報を管理・利用できるようにしてほしい。また福島原発の状況が再び大きな危機を迎えた場合でも、避難や防護のための対策をとることも求めたい。今の、放置状態を何とかしたいと思っています。そして国に働きかけることと以上に、私は福島の人びとに呼びかけたい。福島原発事故被害当事者として手をつなぎ、放置されている状況を断固拒否しようと。自分たちは何者か、どんな権利があるのか、どんな被害を受けたのか、全て自分たちで言葉にしていかなければなりません。

この動きは、自己犠牲を強いる翼賛的、全体主義的風潮への対抗でもあります。多くの人が、加速度的に巻き込まれていっているこの風潮に、お国のためでも故郷のためでもなく、かけがえのない一人ひとりのいのちが守られ、個人の選択が尊重されるためのしくみを求めていきたいのです。それは、情報隠ぺいと情報操作を前提とした自己決定・自己責任論とは根本的に異なります。今、福島県内にとどまって生きる若者を礼賛し、避難者を揶揄するような言説を、被曝安全論とともに垂れ流す論者がいます。そのようにしなければ保てない「福島県」、「福島県民」とは一体何なのか。自然科学的にも社会科学的にも非科学的な安全論、除染・復興論を喧伝し、現実の被ばくが継続する場所に子どもたちも若者たちも含む住民をとどめ置くことを是とする、政府・福島県・その他自治体、山下俊一はじめそれを支持する論者たち、マスメディアに断固抗議したいと思います。

## 母子避難という現象、子どもの状況

母子避難は、マスコミ報道など表層的に見れば、何か「母なるもの」礼賛的な言説が目立ちますが、深層では非常に興味深いことが起きています。母子避難者の具体的状況は本当に千差万別ですが、共通していいえ

2010年９月20日福島第１原発のプルサーマル試運転開始の日、郡山駅前で女たちが反対行動した

ることは、彼女たちは3・11後、猛烈に勉強し、思考し、感じ、パートナーや両親、義父母、子どもたちなど、周囲の人びとを説得し、相手の変化を促し、そして、多くを手放し失いながら、「避難」という決断をしたということ。離婚を選んだ女性もいる。パートナーの決断を待ちながら、ともかくも子どもを避難させるために母子避難を選んだ女性もいる。そして、何よりも、彼女たちは、国家、地域社会が提示する世界とは別の世界を見、指示される方角とは別の方角に向かうことを選択したのです。また、避難地での生活は実に様々な困難を伴います。避難母子たちは、つながり、支えあう関係を作って生き延びています。ただ生き延びるだけではなく、自らを避難者として名乗り、社会へ向けて脱原発を叫ぶのです。そういうことが、各地で起きています。彼女たちは、「お金なしには生きられない」「原発なしには生きられない」「差別なしには成り立たない」……そんな世の中に苦しめられながらも、それを超える生き方を求めています。彼女たちの存在は、家族という枠組みと、この資本主義社会の在り方を問い直し、〈女は経済力がない＝自立していない〉という問題の立て方自体を問い直すことを迫っていると、私は感じます。

そして、もちろん、この動きには、避難したシングルの女性、男性、父子、子どもなしカップルも大きく関与しています。ぜひ多様な当事者の声を伝えあえるようになることを望みます。

一方、子どもの問題はあまりにも深刻で、私にはその輪郭さえはっきりとは見えていません。言えることは、子どもたちには今のこの状況について、一切の責任はないにもかかわらず、被ばくが強いられ、大人よりもその影響をはるかに大きく受け、暮らしと未来が変えられた（る）ということ。成長発達に不可欠の自然とのかかわりが著しく制限され、世界への信頼すら奪われようとしているのではないか。今生きている大人よりもはるかに長い時間、福島原発事故の負の遺産を背負わなければならない。その上、〈故郷に留まり復興のためにがんばる〉若い人たちが美化・称賛され、これからさらに放射線教育などを通じて、洗脳が行われようとしている。何重にも踏みにじられているこの子どもの被害がきちんととらえられなければならないと思います。子ども・妊婦の疎開・避難の権利（被曝しない権利）の保障と、保養を含めた健康確保のための対策が本当に必要です。そしてさらに、親権者から独立した形での援助をも受けられる、子ども個人に対する支援と補償が構想されるべきと思います。

## 被ばくと障がいをめぐって

子ども・次世代の被曝防護と健康確保は、フクシマの問題の核心です。放射能汚染とそれによる影響という空間的時間的に大きな広がりをもち、可視化しにくい問題を訴えるとき、私たちは目に見える身体的な障害の発生をひとつの手がかりにしようとしますが、一方では優生思想を強化してしまう懸念と、他方では被曝との因果関係を否定し被害事実すら否定される危険とのはざまで、それをどのように語るかという問題につきあたります。

私自身も最近、被曝による影響を心配する親が、「五体満足」な赤ちゃんの誕生を喜んだ文章を読み、目に見える障害を忌避する感情が強まっていくことへの懸念を覚えました。実際、放射能被曝がもたらすいの

2011年8月6日、広島でアピールする宇野朗子さん（左）

ちへの攻撃は、そのような目に見える現象の向こうに広がっており、私たちはそれを見極めていかなければなりません。

障害を持った人びとは、私たちのいのちを奪うな、尊厳を奪うな、と声をあげてきました。そして、福島原発事故が起こり、新たな差別と分断の危機とともに、いのちの危機を敏感に感じています。去る3月10日には、「検証３１１～障がい者にとっての東日本大震災」という集会が開かれ、障がいをもつ人びとが3・11後何が起きているのかを捉え、発信していこうという動きがスタートしました。注目していきたいです。

私たちは、今も拡大し続ける放射能の汚染によってこうむる被害を、しっかりと見つめなくてはいけない。しかしその際、目に見える障害を予見し、恐怖するのではなく、また逆に、自分や周りには目に見える影響はないからと確率的殺人を是認するのでもなく、その向こうに拡がる光景、失われたいのち、変えられたいのちを表現する言葉を紡ぐことが必要と感じます。放射能の被害を小さくする努力を全力でしていくしかありません。そして障害や病気があっても、どんな子どもも祝福され、幸福に生きていける社会にしなくてはなりません。この2つは、矛盾するどころか、相互に支えあう関係にあるはずです。〈障害を生み出す社会的不正を温存しつつ、障害を忌避し、障害をもつ人びとを差別する〉という負のスパイラルから抜け出すことが、放射能汚染の中を生きる私たちにとって不可欠の課題だと思います。

## いのちの宇宙から

チェルノブイリ事故後、汚染地が「自然の楽園」になっていると楽観して、放射能で汚染されても大丈夫という議論がありますが、生態学者たち、野生生物を研究している人たちが目撃しているのは、繁殖力を失った、いのちの未来を根絶やしにされた、生き物たちの姿です。それでも生き延び、生を全うする力強さと、静かに放射性物質を蓄積し歪められていく悲しみ……。私たちはチェルノブイリの森に何を見るでしょうか。故・綿貫礼子さんは、チェルノブイリ事故を「生態学的大惨事」と表現していましたが、今それが再び、福島から起きているのです。

私たちはすでに、3・11前から核汚染の時代を生きてきました。その中で、不当にも、知らず知らずのうちに放射能を取り込み、いのちを変えられてきました。いのちに対する攻撃、戦争を、私たちの文明は仕掛けてきたのです。それは、利益追求の中で、さまざま嘘や不正や差別を積み重ねることによって、遂行され、フクシマの悲劇があってなおとどまることを知りません。

私は、いのちを変えられてきたことに抗議したいし、このようなことが推進される構造を変えていくことを望みます。自然と人間の関係を、そして人間と人間の関係を、どのように変えていくのか、私たちは問われています。

2011年8月6日の「インパクション」（181号、特集・脱原発へ）の座談会で、私は「私は戦争の中にいるように感じる。戦後も戦前・戦中と何も変わっていなかったし、次の戦争の準備が着々と進められていた。3・11を迎えて、今の戦争状態になった」と言いましたが、今でもまっただ中にいます。さまざまな暴力に抵抗している人たちと手をつなぎあい、闘っていきたいと思います。

初出『インパクション』184号（2012年4月）

# 3.10　福島原発事故被害者の権利宣言

2011年３月11日、地震と津波に続いて起こされた、東京電力福島第一原子力発電所の大事故により、私たちはみな突然に、３・11前の暮らしを根こそぎ奪われました。

被害の大きさと深さにもかかわらず、私たち被害者は、必要な情報から遠ざけられ、総合的な支援策が講じられないまま、不安と被曝受忍の中で分断され、その傷を深くしています。

福島県民だけでも避難を余儀なくされた人は15万人といわれ、放射能汚染地では住民が復興の糸口を見いだせないまま放射能汚染への日々の対処を強いられ、人としての幸福と尊厳ある暮らしの権利を奪われ続けています。

終らない原発震災は、２年目に入ります。

私たち福島原発事故被害者は、いのちと尊厳を守るため、以下のことを宣言します。

・私たちは、東京電力が引き起こした福島第一原発事故の被害者です。
・この人災で奪われたものはすべて、加害者が「原状回復」を基本に、完全賠償するべきです。
・私たちには、尊厳をもって幸福な生活をする権利があります。
・私たちには、安全な地で暮らす権利があります。
・私たちには、福島にとどまる、離れる等の選択を尊重され、生活を保障される権利があります。
・私たちには、危険を回避するために必要なあらゆる情報へのアクセスを保障される権利があります。
・私たちには、被ばくによる健康障害を最小限にするための、保養・疎開を含めた防護策と、健康障害の早期発見および適切な治療を保障される権利があります。
・私たちは、自分や家族、コミュニティの将来に重大な影響を与える決定過程に参加する権利があります。

私たちは、これ以上奪われない、失わない。

私たちは、故郷にとどまるものも、離れるものも、支えあい、この困難を乗り越えていきます。

私たちは、かけがえのないひとりひとりの幸福と、差別なき世界を創造し、未来世代に対する責任を果たし、誇りを持って生き延びていきます。

10　健康障害の予防と早期発見のために、無料健康相談、精度の高い無料定期健康診断を実施すること。

11　全被害者のＷＢＣ検査および必要な内部被曝の指標を得られる検査を実施すること。情報は正しく本人に伝えられ、記録されること。

12　対象疾病を設けず、無料の医療を提供すること。通院支援を行うこと。これらは避難地域でも同様の支援を受けられるようにすること。

13　精度の高い検診、医療体制を確立すること。

14「健康被害の予防、早期発見、治療」を目的とした、適切な健康管理調査の実施と公開を行うこと。調査のデザイン、実施に関して、当事者が参加の機会を保障されること。

15　原発事故被害者健康管理手帳を発行し、健康に関する情報を本人が保管できるようにすること。

16　内部被曝を予防するため、汚染されていない食物と水を確保し、精密な検査データをリアルタイムに公開すること。

### 防災・危機管理体制の整備

17　公正な立場から、人々のいのちを最優先に掲げた第三者機関を作り、刻々と変わる事故現場と放射能拡散の情報をリアルタイムで住民に伝え、余震による倒壊など状況悪化が起きた場合に、速やかに、被害可能性のある地域の住民を避難・防護できる体制を早急に確立すること。

### 決定過程への当事者の参加の保障

18　制度の決定・運用・見直しにおいては、被害当事者の参加を制度的に保障すること。

2012年３月10日

シンポジウム：福島原発事故被害者のいのちと尊厳を守る法制定を求めて

参加者一同

私たち、東京電力福島第一原発事故被害者は、国に対し、以下のことをもとめます。

1　国は、国民の安全が確保できないにもかかわらず、国策として原子力政策を推進した責任を認め、謝罪・補償を行うこと。

2　国は、未曽有の大地震と津波および複数号機の原子力発電所過酷事故という複合災害の被害者の生活再建、健康確保、および人権擁護について、一義的な責任を負うことを明確にし、以下のような施策を行うための、恒久法を制定すること。

**被害者の生活再建支援**

3　被害者に対する生活給付金、一時金等の生活再建支援制度を創設すること。

4　警戒区域の被害者に対し、損失補償制度を創設し、被害者が、東京電力による損害賠償と損失補償制度のどちらかに請求できるようにすること。

5　広域避難をしている被害者とその家族に対して、避難先での雇用の斡旋、家族の面会のための遠距離交通費の助成など、家族の統合を支援する施策をとること。

6　広域避難者台帳をつくり、避難者が各種の支援等を平等にうける権利を保障すること。

**健康の確保**

7　原発事故に由来する被曝量が年間１ミリシーベルトを超える汚染地域は選択的避難区域とし、避難をする場合の各種の支援を行い、住民に避難の権利を保障すること。

8　上記区域に暮らす住民に対し、定期的な保養の権利、除染期間中の避難の権利を保障すること。

9　特に、上記区域に暮らす子ども、妊婦、障がい・疾病をもつ者などの被曝弱者が、安全な地域に居住できるよう、緊急に必要な措置をとること。

## 「原発いらない福島の女たち」のリレーハンスト声明

福井県小浜市明通寺のご住職、中嶌哲演さんが福井県庁ロビーで断食に入られました。1979年３月、スリーマイル島原発事故が勃発した際、哲演さんは通産省資源エネルギー庁のロビーで、

「静かに祈るのが本分である仏教者である私が、なぜ反原発運動に邁進するのか？お釈迦さまに授かった五戒の筆頭に不殺生戒（ふせっしょうかい）があります。『殺すなかれ』だけでは、不十分です。『殺させるなかれ』を実践して、はじめて不殺生戒を全うすることができるからです」と挨拶されました。

あれから30年以上が経ちました。70才の哲演さんがあえて断食に踏み切られたのは、なぜでしょうか？

福島第一原発の事故のため、広大な地域が放射能に汚染され、多くの人びと、とりわけ子どもたちの命と健康が危険にさらされている今、あえて大飯原発３、４号機の再稼働を強行しようとする関西電力の姿勢は、国民多数の世論、そして福島で暮らす私たち、故郷を追われた私たちの切なる願いを踏みにじる暴挙そのものであり、断じて許すわけにはいきません。

哲演さんの決意と祈りに、福島から、全国からつながりたいと思います。

地球上に生命（いのち）を授けられた者たち、大地、水、空気、動植物、すべてが日々脅かされています。世界中の原発の廃炉を心から願うわたしたち「原発いらない福島の女たち」は、哲演さんに連帯し、リレーハンストに踏み切ることをここに表明します。

2012年３月31日

「原発いらない福島の女たち」

郵便はがき

恐れいりますが
切手を貼って
お出しください

101-0061

千代田区神田三崎町 2-2-12
エコービル 1 階

**梨の木舎** 行

★2016年9月20日より**CAFE**を併設、
新規に開店しました。どうぞお立ちよりください。

お買い上げいただき誠にありがとうございます。裏面にこの本をお読みいただいたご感想などお聞かせいただければ、幸いです。

| お買い上げいただいた書籍 |
| --- |
| |

**梨の木舎**

東京都千代田区神田三崎町 2－2－12　エコービル 1 階

TEL　03-6256-9517　FAX　03-6256-9518

E メール　info@nashinoki-sha.com

（2024.3.1）

通信欄

小社の本を直接お申込いただく場合、このハガキを購入申込書としてお使いください。代金は書籍到着後同封の郵便振替用紙にてお支払いください。送料は200円です。

小社の本の詳しい内容は、ホームページに紹介しております。

是非ご覧下さい。 http://www.nashinoki-sha.com/

【購入申込書】（FAXでも申し込めます） FAX 03-6256-9518

| 書　名 | 定　価 | 部数 |
|---|---|---|
| | | |
| | | |
| | | |
| | | |
| | | |

お名前

ご住所 （〒　　　　　）

電話 （　　）

# 女たちのリレーハンスト

中嶌哲演さんの断食宣言（右頁「原発いらない福島の女たち」のリレーハンスト声明参照）に、これは大飯原発再稼働への抗議の意思表示であると同時に、福島に思いを馳せて胸を痛めておられる……と感じた私は、哲演さんになんとか繋がって応えたいと思ったのでした（後日、哲演さんと親しくお話させてもらう中で、やはり福島の人が一番先に反応してくれた！と大変喜んで下さったことを知ります）。

さて、3月30日から5月5日まで、37日間続けられたリレーハンストは、海外から、メールや新聞で知ったのでぜひ参加したいという方もあり、延べ人数でいうとおよそ200人の参加。4月17日からは男テントでも連続ハンストが開始されて、相乗効果を生んでいきました。記者会見や著名人のハンスト参加で、さらに大きな輪に。国内外あちこちのグループに飛び火して後半から正確な人数は把握できなくなり、途中で参加者を数えることを止めました。

断食が明けた5月5日夜には、ついに国内の全原発がストップ。子どもたちへ最良のプレゼントができた。ともかくもやったのだ。祝えるときには祝おう、心から。テントひろばでは、夜遅くまで満面喜びにあふれる人の輪がうごめいていた。しかしそれは、ともかくも前哨戦に勝利し、これからの大きな闘いに身震いする者たちの影でもあったように思う。

　同日昼中、女たち率いる「カンショ踊り」隊は、芝公園で熱演して皆さんをデモへと送り出し、そしてなんと経産省を踊りながら包囲。女たちの想像力とアイディア、そして実行力、どの一つが欠けてもこのような驚くべき事態にはならなかっただろう。女たちのアクションは人々をつなぎ、そして解放する、ということを、またここでも確認した。

　さて、女の目と力が世界を揺るがしたこれまでの「歴史」を少しおさらいしてみた。ビキニ環礁でのアメリカの水爆実験反対で、３２００万の署名を集めた女たちの動きが「原水禁世界大会」創立へとつながったこと。チェルノブイリ事故後では小冊子『まだ、まにあうのなら』が１００万部売れ、伊方原発出力調整反対の署名１００万筆がこれまた女たちの力で集められ、新しい反原発運動の大きな山場を作っていったこと。

　今回、未曾有の災害をもたらした福島原発事故後、「原発いらない福島の女たち」をはじめとする全国の女たちはものすごいエネルギーで原子力体制そのものを揺るがし、変革を迫っているといっても手前味噌ではないと思っている。

　昨２０１１年10月末、「女たち」は経産省前３日間の座り込みアクションでデビューし、原発震災１周年県民大集会の前日の３・10「原発いらない地球（いのち）の集い」では、20ぐらいの分科会を「女たち」が企画運営し、どの部屋も入りきれない人と熱気ムンムンの大成功を収めた。

2012年３月30日～５月５日まで、リレーハンストは37日間続けられた。マイクをもつのは黒田節子さん。

そして、この度のリレーハンストでは男たちをも巻き込んで、大飯原発再稼働ストップへの一つのうねりを確実に作った。

「女たち」のエネルギーはいったいどこからくるのだろうか？　もちろん、怒り、絶望、未来への使命感などが根っこにあることはいうまでもないが、女たちの「やり方」が上手くいっているからかもしれない（少なくても今のところは）。話し合うけれども手続きは簡略・一人ひとりの感情を大切に・やれる分野をやれる人が・リーダーなし・会費会則なし、など。

「母と原発」、母を出したほうが受けはいいが、それでいいのか。「フェミニストと原発」、フェミニストは本当に原発問題に無関心か、などなどたくさんの宿題とテーマは目前にある。しかし一つの問題に煮詰まってしまうことのないおおらかさ、言いかえれば「いい加減さ」が、女たちのこれは（マイナスではなく）プラス面だろう。充分に息抜きしながらも、果敢にアクションを起こしたいと思っている。

**黒田節子**／原発いらない福島の女たち

官邸前歩道で、ダイ・インする女たち
2012年6月7日

# 原発事故からの脱出

安積遊歩

チェルノブイリ事故の時から、いや、その前からも、福島県の浜通りの原発のことは、私の頭の中に常にあった。脱原発をたたかう仲間から、さまざまな情報を聞くたび、大熊町浪江町周辺のトンネルにはシャッターが設置されていて、大事故が起きたらシャッターが降りて誰も逃げられないように操作されるだろうとさえ、妄想していた。2011年3月11日の事故は、その私の予想さえ遙かに超えた。トンネルのシャッターが降りなくても、情報操作と情報隠蔽のもとで、ほとんど誰もすぐには逃げなかったのである。

3月11日、私は東京にいたが、地震が起きた瞬間にどこかの原発が爆発しているに違いないと思った。大変なことになるとブルブル震えた。NHKの非常にスローなニュースでそれが福島だと知ったとき、思考能力が停止し、テレビの前に留まり続けて2日間を過ごした。心の中では、こいつらの言っていることは全部嘘だと知っていたが、一

あさか　ゆうほ
1956年福島県生まれ。生後40日で骨のもろい障害を持つと診断され、過酷な治療が始まる。1996年娘を出産。障害を持つ人の運動、脱原発運動に関わってきたが、福島原発事故を機に母親業を成就するためニュージーランドへ避難。著書『癒しのセクシートリップ』『車イスからの宣戦布告』（ともに太郎次郎社）ほか。

刻も早く逃げ出さなければと思っていたが、唯一その危機感を共有する福島に住んでいる妹が、自分の子どもたちを私の東京の家に向けて避難させてくれたのを待って、自分たちの避難は14日にとなった。総勢11名、あとから新幹線で追いかけてきた友人たちも含めると17名が名古屋の友人宅へと避難した。

今ニュージーランドの家に一緒に住んでいる在日コリアンの友人も、その時は東京にいたが、彼女も家族をすぐに説得し、そして自らはちょうどその時オーストラリア行きが予定されていたので、15日の出発を待ってオーストラリアへと旅立った。私たちも事故の起きる前からニュージーランド行きを予定していた。名古屋に着いてからは、そのニュージーランド行きをどうするかを考えた。

２００１年の9・11の時も、私はツインタワーが崩れ落ちたという情報を友人から聞き、直感でアメリカ政府や多国籍企業の陰謀に違いないと思ったものだった。今回も、初めからメルトダウンが起こっただろうと信じて疑わなかったが、ほとんどそれを共有してくれる仲間はおらず、水素爆発でみんな避難することとなった。

その後数カ月が経ち、地震が起きたときからメルトダウンが始まっていたこととか、津波以前に地震が全ての事故の誘因だったこととか、私の直感を裏打ちすることばかりが報道され始めたが、その時にはすでにニュージーランドにいたので、私自身と娘の命は守れたという安堵感も数パーセント、しかし命というのは私の中では巨大なつらなりの中にあるので、福島にいる友人、親戚、兄家族、妹の子どもたちを思うと、ほとんど毎日号泣しない日はなかった。それは今でも、続いている。

## 障害を持つ人を見世物に恐怖を煽らないで

人間は感じ考え続け、そして行動する存在である。もし感じる力を奪われたら、それは人間性の破壊を生む。しかし感じる力のみに支配されて行動し続けたら、それもまた非理性的な行動となる。

ややこしいのは、感じる力の中で人間がもともと持っている感じる力と、生きる中で奪われ続け、踏みにじられ続けることで培ってしまう非本質的な感情があるということだ。それが強欲さや残酷性など、抑圧的な立場にいる人たちが培ってしまった感情であり、その感情に基づいて行動するから、世界は大混乱を生んでいる。

この感じる力、怖いとか悲しいとか辛いとかを、感じ表現することを子どもの時にまず許されないことで、人間はそこを生き延びるために強欲さや残酷さという感情を培ってしまう。しかしもともとそれは、本質的なものではないから、ひたすら聞いてもらい、それらを身体の外に出してしまうことができれば（涙や震えや笑いによって）人と繋がろうという本質的な気持ちが蘇る。

人は傷つけられない限り、傷つかないという理論に基づき、小さい子の感情の解放を十分に聞いてあげることができれば、私たちの社会はこれ以上間違わないで済むかもしれないと私は思っている。だから、聞きあう関係でなんとかこの期間も生き延び、自分の行動が最も理性的であるのはどうすることなのかと、たくさん泣いて震えて考え求め続けてきた。

現在、娘はニュージーランドの現地の高校に留学している。今のところ、彼女の保護者ということでビザが出ているが、障害者差別のみならず、ここでは国家至上主義にも直面し続けなければばならない。ジョン・レノンが「イマジン」で歌ったことは未だ全く実現されていないわけで、世界的に不況なために、それを乗り切ろうと、ここニュージーランドでも外国籍を持つ人の永住権の取得は年々非常に難しくなっている。

娘が18歳になるまで、あと1年半。その間にどのような動きをすべきなのか、愛しい人たちが恐怖ですくんで動けなくなっている福島にいったん戻って、できることをやるべきなのか日々考えている。そのためには去年逃げるきっかけであった自分と娘の命と身体に対する不安もまた乗り越えなければならない。この社会の人々の、「障害を持った人間は生きるな」という眼差しに対抗し続けるのには、本当にパワーが必要だ。

チェルノブイリの事故のすぐ後に出た『まだ、まにあうのなら——私の書いた一番長い手紙』(甘蕗珠恵子著　地湧社、一九八七年)という本があった。それは、ある母親の手で書かれた冊子で、非常によくまとめられていたが、ただ一点、障害を持つ私から見ると言ってほしくない言葉が何度か書かれていた。つまり、放射能で奇形児や異常出産が増えていくだろうというような文言だった。

最近も同じように、チェルノブイリの映画やさまざまな写真で障害を持つ子どもたちが生まれるかもしれないという恐怖が煽られている。イラク戦争での劣化ウラン弾の時もそうだったが、「奇形児」と呼ばれる子どもたちには人格や人権がないかのように、名前のない、家族の言葉もない写真が羅列されることがほとんどだ。

もしこれが自分だったら、あるいは自分の子どもだったらという想像力が、これを見る人には全くないのだろうかと、初めの頃はただただ驚愕するのみだったが、最近はこれは優生思想の確信的キャンペーンだなという気がしている。障害を持って生まれてもらっては困るという本音が、この社会にはある。困るだけではなく、あってはならないという深い恐怖が、わがことではない人たちには塊のように沈殿しているので、放射能や公害などが起きると、その人の人格も人間性も尊厳も、まるで見えなくなるわけだ。

しかし、平時の時にはそれが差別であるという認識が、ささやかでも伝聞されてきたので、露骨にそれを言語化はできない。もっとも、東京都の政治家のトップであるということになっているI氏は自分の無知と差別性をあますところなく表現してもいるが、それでも彼は選挙で再選され続けているわけだし、放射能蔓延という事態になると、障害を持つ人の人格や人権は一瞬のうちに吹き飛んでしまうのだ。

障害を持つ人の写真を見世物に使って、放射能が蔓延したら、ほらほらこんなになってしまいますよ、というキャンペーンが張られる。環境破壊を憂い、なんとかすべての人と共に生きようというふうに留まり続ける人でも、こうした障害を持った人の扱われ方には、感受性が徹底的に鈍らされている。

私はこの原発事故は、日本政府や東京電力から福島県に仕掛けられた、さらに言えば、アメリカを頂点とする経済至上主義から仕掛けられた戦争であるとさえ思っている。数年後に、数十万人が癌や心疾患等の病気で死ぬだろうという確実な予測のある現実の中で、障害を持った人や子どもがもっとも最初に犠牲になるわけだ。

福島県の福島市、郡山市等々の中通りは、空間線量といい内部被曝のありようといい、壁や鍵はないものの、ヒットラーが大虐殺に使ったガス室そのものだ。ただし、壁や鍵がない中にすさまじいマインドコントロールで居続けているというさらなるものすごさがあるが。

私はチェルノブイリの事故が起きたとき、避難している人たちをみて、日本でこれが起きたときには、どうなるのだろうとは思っていた。しかし、あの時のソ連政府より、徹底的にここまでひどいとは、これもまた私の想像を遙かに超えた。セシウム１３７や１３４の福島県内の値はチェルノブイリの避難区域とほとんど同じか、同じ以上なのにもかかわらず、避難させられていないのだ。いや、福島県人の命を人とみていないかのような政府によって避難させられていないのだ。国際基準の年間1ミリシベールトを簡単に年間20ミリシベールトに上げてまで、棄民化政策を続行中なのだ。

私の故郷である福島県。その中でも私が生まれ30歳近くまでの日々を過ごした福島市は、四方を山々で囲まれ、春は芽吹き、夏は緑、秋は紅葉、冬は雪山と時に閉塞感を覚えはしたけれど、その美しさは私の原風景だ。28歳の時にそこを出て、東京での暮らしも同じ時間だけとなっていたが、まさか原発事故によってこのような形で、私の愛しい子どもたちの未来を差別と混乱の中で迎えることになるとは。20代初めから予測や直感はあっても、怒りと悲しみの尽きる日がくるとは到底思えない。

娘と一緒に

# 原発被曝の県で

武藤十三子

あれはテレビの画像だったろうか。当時、福島県知事だった木村守江という人が、よく透る甲高い声で、原子力平和利用について滔滔と述べていた。私がまだ四十代の頃のこと。広島長崎の原子爆弾投下、第五福竜丸事件の記憶が生々しい頃である。「え！原子力ってあの原爆の？」原子力についての知識は皆無だが、原爆による被爆の惨状はよく知っている。「その原子力による発電所を福島県に持って来る？」「なぜ被爆国の日本がそんなものを？なぜ福島県がそれを？」それは庶民の皮膚感覚のようなものだった。それについて莫大な金が動いていることなど私には知る由もなく、いつの間にか浜通りには原子力発電所が立ち並んでいた。現地の４つの町には、たちまちすばらしい建造物が立ち並び、それらの町は裕福になっていった。

その頃、義父が他界し、夫の入院、初孫や義母の世話と私は走り回っていた。原発のことは遠い世界のことになった。

むとう　とみこ
1924年、福島県石川町生まれ。47年結婚、２人の子の母となる。大方専業主婦。99年夫と永別。やや高齢の女声コーラスや図書館でのおはなしボランティアを楽しむ。福島原発事故以来、デモや集会にしばしば参加。

１９８５年夏、高校教師だった長女が、職場の健康診断の結果、白血病を発症していることが判明。すぐに頭にうかんだのは原発のことだが、関わりがあるかどうか証明のしようもない。余命は3年半と宣告も受けた。まさに晴天の霹靂、私たちになすすべはなかった。そのときから原発のことは頭から離れなくなった。

## 私の少女時代

私の両親は山形県の生まれだが、父は今で言う公務員で東北各地を転々としていた。父母と姉2人、兄1人の末っ子として私は１９２４年に福島県石川町で生まれた。関東大震災の翌年である。あとで知ったことだが、治安維持法が制定されたのが次年の１９２５年。名前は結構だが、言論・思想の自由を抑圧、蹂躙する悪法である。

２人の姉も兄も頭のいい人たちなのに、なぜか末っ子の私だけが落ちこぼれた。姉や兄は出来の悪い妹を可愛がり、親たちは達観していたのか何も言わなかった。それを良いことに私は野放図に育った。まことに幸せな少女時代だった。

世界大恐慌が起こったのは１９２９年、これも私には記憶がない。だが翌々年１９３１年小学校入学の年に満州事変が始まった。いわゆる日本の中国東北侵略戦争。当時、爆弾を抱えて敵陣に突進した3人の兵士の行いが、肉弾三勇士として称揚され歌にもなって、小学生も歌わされたから、この年のことは覚えている。私が1年生で始めて習った国語読本の最初の言葉は、「ハナ・ハト・マメ・マス」だったが、２年後の１９３３年には「サイタ　サイタ　サクラガサイタ　ススメ　ススメ　ヘイタイススメ」と改定された。それを近所の1年生に見せてもらった。色刷りで桜が描かれていたと思う。当時は国定教科書といって全国で同じ教科書が使われていた。

この年、今の天皇が生まれ、「皇太子様お生まれなさった……」とお祝いの歌を歌った記憶もある。

小学校でうれしかったのは、1年に4回ある祝日だ。まず元日の四方拝、2月11日の紀元節、4月29日の天長節、10月3日の明治節。祝日は授業がない。普段は着物にもんぺ姿だが、祝日は袴をつけた晴れ着を着る。学校で式がある。その日は校長先生がモーニングを着用、白い手袋をして奉安殿から恭しく持ち出した教育勅語を読む。「朕思うに……」その間、整列した生徒は最敬礼をしたまま、じっと聞いていなければならない。しばらくするとあちこちから、ずるずると鼻をすする音が聞こえ始める。長い長いその時間を生徒たちはじっと耐えた。終わればお祝いの歌を歌い、紅白のお饅頭がもらえて自由の身になる。

祝日の歌は、それぞれ違っている。だいぶ忘れたが思い出せるところだけ記してみる。

**四方拝の歌**

年の初めのためしとて　終わり無き世のめでたさを
松竹立てて門ごとに　祝う今日こそ楽しけれ

**紀元節の歌**

雲に聳える高千穂の　高嶺降ろしに草も木も
靡き伏しけん大御世の　………………尊けれ

**天長節の歌**

今日のよき日は大君の　生まれ給いしよき日なれ
今日のよき日はみ光の　差し出給いしよき日なれ
……………

**明治節の歌**

アジアの東日出ずるところ　今日のよき日をみな寿ぎて
代々木の森の代々とこしえに　……………みなかしこ

点線は歌詞を忘れたところ。2番以下と入れ替わっている歌詞があるかもしれない。

1936年2月26日雪の日の早朝、2・26事件が起こった。陸軍の青年将校らが国家改造を目指して約1500名の部隊を率い首相官邸などを襲撃したクーデター事件で、政府高官斎藤実、高橋是清、渡辺錠太郎らが殺害された。だが、まもなく例の「今からでも遅くはないから原隊へ帰れ」のことばに鎮圧され、部隊は原隊復帰しクーデターは失敗に終わった。青年将校17名は死刑に処せられた。

私には事件の意味は分からなかったが、重苦しい世間の空気は伝わった。

その年の夏、ベルリンオリンピックで水泳の前畑秀子選手が、確か金メダルをとったのではなかったか。ラジオアナウンサーの「前畑がんばれ！　前畑がんばれ！」と連呼していた声が耳に残っている。阿部定の事件があったのもこの年だったと思う。

## 国全体が戦争に向かって走っていた

翌1937年、女学校（盛岡高等女学校）入学の年、「支那事変」と呼ばれた日中戦争が始まった。正義のための戦と聞かされて疑いもしなかったが、実のところ紛れもない中国侵略戦争だった。

私は学校の寄宿舎に入っていたが、年配の炊事のおじさんが招集されて戦地に行った。学校で慰問袋を作って送ったが、何処に届くのか分からなかった。あて先の分からない慰問文も何度も書いた。時々、知らない兵隊さんから返事が来た。

学校などで格別の軍国教育を受けたわけではない。格別軍国の母的に仕向けられたわけでもない。国全体が戦争に向かって走っていた。そんな風潮に自然に巻き込まれていった。ただ小学校の修身、国語、歴史の教科書などの隅々にまで、愛国心を育てる意図を持った材料が潜り込んではいた。

例えば、次のような歌は小さいときから歌っていた。

**♪僕は軍人大好きよ　今に大きく成ったなら　勲章つけて剣下げて　お馬に乗ってハイドウドウ**

**♪肩を並べて兄さんと　今日も学校へ行けるのは　兵隊さんのお陰です　お国のために　お国のために戦った　兵隊さんのお陰です**

軍歌もたくさん歌った。歌の効能は、考えているよりもずっと大きいものだと思う。

**♪恩賜のたばこを戴いて　明日は死ぬぞと決めた夜の　荒野の風は生臭く　…………　星が瞬く二つ三つ**

**♪海行かば水漬く屍　山行かば草むす屍　大君の辺にこそ死なめ　顧みはせじ**

兄の雑誌に載っている山中峰太郎の「敵中横断三百里」「大東の哲人」などの挿絵、樺島勝一の軍艦のペン画に、ひそかに憧れたこともあった。

そんな小さな積み重ねが、次第にひとつの方向に向かって動き出していた。「国民精神総動員」と書かれたたて看板が諸所に見られ戦意をあおっていた。後には「八紘一宇の精神」というのが出てきた。これは日本が指導者となって世界をひとつの家にするという意味らしかった。

1941年12月8日、日本海軍のパールハーバー奇襲によって日米、いわゆる太平洋戦争が始まる。多くの若者が国を守るため心身を投げ打つしかないと決意したのはこの時だ。

1942年、召集されて戦地に行った従兄弟がガダルカナルで戦死した。同年、兄も招集されて「北満」(「満州」(現在の中国北東部)の北部)に配備された。

1943年、それまで徴兵猶予されていた学生が学徒出陣の運びになった。当時はテレビもなかったから、その映像を見たのは後のこと。

銃後に若者の姿はほとんど見られなくなり、年かさの男性も減っていった。後に残った若い女性たちは、職場に出て働くようになる。それまで「産めよ増やせよ」の国策で、女は早く結婚して将来兵隊となる子どもを沢山産むように要請されていたが、もはや相手となる男性がいないのだ。

その頃戦地では戦況も行き詰まり、多くの兵士が戦死戦傷を受け、泥沼の状態になっていたのだが、銃後の我々は今に神風が吹くとばかりにのんきに構えていた。いや、少年航空兵など年少の者たちも動員され始めているのだから、戦地の状況は察せられる筈なのに、そうは考えたくなかったのだ。

しかし銃後の暮らしも逼迫していた。第一に食料は配給制度になり次第に量も減っていった。配給される場所に行くのがちょっと遅れるともう何もない。ご飯にあらめという海草を炊きこんだり、薄いおかゆにして食べるほかなかった。甘いものなど夢のまた夢である。みんな痩せこけて目ばかりぎょろぎょろ光っていた。体型も今なら歓迎のスリムだが、とにかくお腹いっぱい食べたかった。通勤の電車の中で、中身の乏しい弁当箱を盗まれたこともある。

アメリカ軍による空襲が激しくなった。各地の県庁所在地や軍需工場のある地など軒並みやられた。敵機がこちらの方角に向いていることが分かると警戒警報が鳴り渡る。機が近づくと空襲警報が鳴り渡る。その度に防空頭布をかぶっていつでも待避できる態勢をとる。機が行き過ぎるかそれてゆけば警報は解除になる。それがあまりに頻繁なので慣れてしまってだんだん平気になっていった。

警戒警報と空襲警報の違いはサイレンの鳴り方で区別された。空襲警報が解除され、しばらくして警戒警報が解除されると、家にいるときなら急いでご飯を炊いた。警報中は火を焚くことができないからだ。それを握り飯にして携帯できる用意をしておく。夜は電球に黒い布をかぶせカーテンや雨戸を閉め、明かりが外にもれないようにする。暗い毎日が続いた。

それでもまだ日本が負けるとは思わない。心のどこかで神風が吹くと思っている。

1945年3月10日、東京大空襲の報。仙台は何時だろう。

## 空襲そして敗戦

そのときは来た。1945年7月16日、今夜当たり危ないという予報があった。早く夕飯をすませ待機していた。暗くなってまもなくだったろうか。南方からB29の大編隊がやってきた。我が家の少し手前の空から焼夷弾らしいものが数知れず矢のように飛んでくる。シャーシャーシャーシャーという物凄い音。だがそれらはこちらを飛び越えて北の方に飛んでゆく。近所の毘沙門様に焼夷弾がひとつ落ちた。結局大量の焼夷弾は市電の線路の内側の繁華街に落ちたらしい。火の手が上がり、阿鼻叫喚が聞こえ始めた。

爆撃を終えて戻り始めた編隊を追って1機の戦闘機が敵機を追い始めた。胴体に赤い日の丸が踊っている。機は執拗に敵の1機を追い空を駆け巡る。2機はまんじ巴になって追いつ追われつする。戦闘機が敵機に体当たりする。2機はくるくる回りながら夜空に落ちていった。私は身動きできず息を止めて見上げていた。そのとき私の耳は何も聞こえなくなり、しんとした夜空にひらひらと落ちていった2機の姿が目の底にいつまでも消えなかった。

その夜の空襲で仙台市の大半は焼け野原になった。私は仙台の銀行に勤めていた。

翌朝、連絡があり花京院通りの支店長宅に行くと、木製の細長いテーブルが玄関先に並べられて、戦災保険の支払い受付がすでに始まっていた。人々が着の身着のままの姿で行列していた。会社の建物はすべて灰燼に帰していて支店長宅で営業が営まれることになった。しかし書類ほか重要なものは全部、金庫室に収められていた。金庫室だけは残っていたがすぐに扉を開くわけにはいかない。火に煽られ熱を帯びた金属が冷め切るまで待たなければならなかった。

大混乱の末、なんとか準備が整い仕事が始められるようになった。瓦礫の町々はなんともいえない臭気が漂い、遺体収容のトラックが走り、焼け跡から掘り出された焼死体が顔をかばうように片手を顔の上にかざしている。それをトラックに積み上げるのを見た。

進駐軍が仙台にやって来た。その日は、女子は早く帰宅するように言われて、揃って駅近くの大通りまで行ったとき、南方面から、ジープを先頭に大型の軍用トラックを連ねて進駐軍が整然と、静々と入場してきた。私たちは電車線路脇の安全地帯で立ち往生し、息を止めて眺めた。トラックには米兵が満載されていた。

こうしてわが町は進駐軍に占領された。それから騒々しくもおぞましい日々が始まる。

## 天皇の人間宣言

敗戦の日は過ぎていった。灯火管制が解除され明るい夜を迎えられるのは嬉しかったがすんなりと敗戦の事実を認める気になれるものではない。呆然と暮らす日々が続いた。そのうちに帰還兵たちが続々と戻ってきた。頭上高く盛り上がったリュックを背負いくたびれた軍服姿の男たちが大勢行き交った。半年ほどそんな状態が続いた。焼け跡の町には、闇市が開かれ、さまざまな雑貨や衣類が雑然と並べられ、怪しげな食べ物が人気を呼んでいた。そこには異様な活気が漲っていた。

兄が無事戻ってきた。私の一家にとってこの上ない喜びだった。母がどれほど兄を気遣っていたか、想像も及ばなかったことに心が痛んだ。

現人神と謳われていた天皇がただの人間に還った。家々に掲げられていたご真影は行き場を失ったが、神から象徴になった天皇への親愛の情は急速には変わらない。ただ天皇の言動の数々が顕わになるに従って、首を傾げざるを得ないこともある。国民学校の教科書の大半は墨で塗りつぶされたらしい。我々が習った歴史とは、正義とは何だったのだろうか。

信じきっていた事柄の一つひとつが覆されてゆくことが、どれほど無念だったことか。人を信じることを止めようとさえ思った。とにかく人の言うことは一度疑ってみることにした。お蔭で人の言葉を鵜呑みにしない癖がついた。悲しい性癖とは思うが仕方がない。

新憲法が発布され、新しい世の中が始まった。内容はよくわからなかったが、もう永久に戦争はないのだと聞かされて、それだけは何だか空に上ってゆくように嬉しかった。

婦人参政権が制定された。それまで女性は選挙権がなかったのだ。参政権を求めて幾多の女性たちが血の出るような戦いをしてきたことを知ったのは後のことである。

思えばそれまでの私はなんと無知で無様だったことよ。選挙権を得たもののいざ総選挙となると誰に投票して良いのか皆目分からない。世の中の仕組みそのものの知識がないのだから仕方がない。最初の投票は見事に失敗した。一生懸命選んだつもりが外れた。それからは社会のことを何とか知ろうと努力する以外なかった。

だが、戦後のこの痛い経験がなかったなら、暢気で怠け者の私が、何とかぶれずにここまで来られなかったと思う。相変わらず脳天気に、世論に惑わされ続けていたことだろう。

天皇ヒロヒト氏が人間宣言をして全国を巡り始めた。私は偶然、ある街角で氏の一行に遭遇した。ヒロヒト氏は車を降りると、かぶっていた帽子を右手でちょっと持ち上げ、居合わせた人々に手を振って、そそくさと車に戻り行ってしまった。私たちは呆気にとられ立ち尽くした。

## これぞと思う人に出会えたら

どう進むべきか、方向が定められなかった私を導いてくれた忘れられない人がいる。

その頃、職場では労働組合が結成され始めていた。社会に目を向け始めた私に、Wさんが「唯物史観」など何冊かの本を読むように薦めてくれた。分厚くて難解そうな本にたじろいでいる私に、Wさんは「学問はらせん階段のようなものだ。今は分からなくても、積み重ねているうちに理解できるようになる」と励ましてくれた。彼の経歴は知らなかったが、モンゴルから帰還したといううわさは聞いていた。ときどきマラリアの発作で苦しんでいた。小柄で風采が上がらないおじさんだが人柄に好感が持てた。

後に私が仙台を離れるとき、挨拶に行くと、「これぞと思う人に出会えたら最後の肉の一切れまで喰らいとれ」口調は静かだが激しい言葉をはなむけとしてくれた。あれは単に旺盛に知識を吸収せよというだけの意味ではなかったように思う。その人の全人格の核となっているものを学び取れという意味ではなかったか。私はそのように受け取り、そう出来るように努めた。

あの声は耳に焼き付いてはなれない。あのような言葉をくれた人は、その後誰もいない。夫、武藤義男も私のよき導者であった。共に捨石となって新しい時代のいしずえを築こうと誓い合った。

この人のことは三春にいた姉が紹介してくれた。最初に会ったとき、彼が話したのは詩の話ばかり。たしか中野重治の「雨の降る品川駅」「機関車」など。「シベリヤの鉱脈のはてまでも　その誇りに満ちた心を持ってゆけ……」に始まるプーシキンの、流刑されるデカブリストにささげた詩のこと。文学少女の私を惹きつけるには十分だった。

## 長女涼子とともに文庫を開く

十年の闘病の後、長女涼子が亡くなった。夫と私に空虚な日々が始まった。私は一人になると泣いてばかりいた。

涼子が発病して高校を退職してから、毎週土曜日の午後、涼子の自宅で子ども文庫を開くことになった。何か打ち込めるものを、人の役にたてる仕事をすることで生きる力を持てるようにと、父親である夫が考えて本人とも話し合い、賛成を得て始めたことだ。私も一緒に手伝うことにした。

チェルノブイリの大惨事があったのは、その文庫開きの日、１９８６年4月26日のことだ。

初めての文庫の仕事で、子どもたちの歓声の中に夢中で過ごした1日を

長女涼子さん（後列左端）と子ども文庫を開いた。後列中央が著者

終わってから後に聞いたニュースはあまりにも惨たらしいものだった。

当時、三春町には図書館がなかった。小中学校に図書室はあったのだろうが、町当局でも町民の間でも、子どもの読書についてなど問題にもされていなかった。子どもたちは何が始まるのかも知らずにやってきた。こちらも初めてのことだ。狭い八畳間で走り回り、暴れまわる子どもたちには途方にくれた。少しずつ少しずつ大人も子どもも慣れてきて、貸し出しや絵本の読み聞かせもできるようになった。

私が初めて子どもたちの前で読んだのが、涼子お気に入りのヴァージニア・バートンの『ちいさいおうち』である。子どもたちの絵本を見つめる目がピカリと光るのを盗み見て、なんともうれしかった。涼子の家は勤めていた高校のすぐ近くなので、下校する生徒たちも寄ってゆくようになった。高校生たちも絵本を読んでもらうのが好きなことも分かってきた。毎週手伝ってくれる子もいた。ためらっていた母親たちもやってきて、そのうちスタッフになってくれる人も出てきた。

町の中には、金儲けでやっているのだと中傷する者もいたようだが、おおむね順調に進んだ。涼子は病苦とたたかいながらも、精力的にこの仕事に取り組み始めた。

資金集めのバザーを開き、講師を呼んで子どもの文学に関する講演会を催し、アマチュアオペラの会に頼んで「うりこひめこ」のオペラを公演してもらうなどもした。郡山のクローバー子ども図書館が主催している児童文学講座に加えてもらっての勉強も始めた。ユニークな講師たちに出会い、さまざまな刺激を受けることができた。町に図書館を建てるように要望する運動も始めた。何もかも長女と一緒に行動した。少しでも共にできる時間を持ちたかった。

この世界は踏み込めば踏み込むほど魅力的なものになっていった。切なくも楽しい時間が過ぎていった。

涼子は月に一度、知人に紹介された東京女子医大病院に通っていた。その間にも病状は徐々に進んでいくようだった。当時はまだ血髄バンクの制度など確立していない。

三春町の教育長をしていた夫は、英語教育助手として一人のアメリカ人女性を招いた。まだジェットなどの制度がなかった頃だ。町に少しでも新しい風を吹き込みたかったのだと思う。アメリカ・ヴィスコンシン大学オークレア校との教育交流も始まった。英語教育助手の女性の働きで、この人の出身地であるその州の小さな町とも姉妹都市の絆を結んだ。にわかに町に外国人たちがやってくる機会が増えた。ホームステイなど目まぐるしい時代が始まった。歓迎パーティーやら何やらてんやわんやである（武藤義男他著『やればできる学校革命』日本評論社、１９９８年）。

その頃、養護学校教員の次女類子は、いわき、福島、郡山など赴任して歩き、たまに会う程度だったので彼女の動静はあまり気にしていなかった。

しかし類子はいつの間にか車の運転免許を取り、姉の病院通いの送り迎えなどをしていた。退職して収入のなくなった姉のため、経済的援助などもしてくれていたらしい。

類子が反原発運動に関わっていることは知っていたが、戦前の国家権

ひなた文庫で、おはなしを聞く子どもたち

力の恐ろしさを知っている私は、あまり危ないことに近づかないで欲しいと密かに願っていた。「警察による排除の上手なされ方の練習をしているのよ」などと言われるとぞっとした。

浜通り近くの山間部に川内村はある。驚くほど美しい山川である。そこで毎夏、満月祭という祭りが催され、沢山のヒッピーなどが集まるらしいと聞いていた。類子も、そこにいって楽しんでいるらしい。何でそんなところが良いのだろうと私は思っていた。

## 新しい文庫、ひなたぶんこ

涼子の八畳間の文庫は、次第に本も増え、通ってくる子どもたちも増え、狭くて動きが取れなくなった。道路を挟んだ向かい側に畑地があったので、夫と相談してそこに新しい文庫を建てることにした。知り合いの建築学者に設計を頼み、子どもたちがうんと楽しめる空間にしてくれるようお願いした。その間にも、涼子は入退院を繰り返していたが、いよいよ建物が出来上がっての、新しい文庫開きの日の感激は忘れられない。『ちいさいおうち』をイメージした建物は、ほんとうにかわいらしく夢いっぱいの殿堂だった。涼子がここで楽しんで過ごしてくれればよい。名前はいつも子どもたちの暖かい居場所であるように、また日向町の地名にもちなんで「ひなたぶんこ」に決まった。

## 夫の発病と文化交流の旅

慌ただしい日常が過ぎていった。夫義男の体調が良くない。この人はもともと頑丈な体ではない。以前に潰瘍性大腸炎を患い、難病の指定も受けている。胆のう炎の手術の後、輸血による肝炎、ステロイド投与による糖尿病と数々の病気を抱えながら、忙しい日常をこなしていた。いくつかの学校改築事業を終えた後、三春町教育長の職を辞した。職を止めても新しいオープンスペースの学校建築が、全国の学校関係者の評判になり、見学者があとを絶たず、毎日のように自宅まで押しかけてくるようになった。夫はそれらの人々に丁寧に自らの教育観や学校建築の経過を語り、対応していた。

夫は自分の健康については気を配り、毎回の検査は欠かさずにいた。ところがある朝、突然下血があり驚いて病院に行った。大腸癌が発見された。それもかなり進んでいるらしい。どうしてもっと早く見つけることができなかったのかと、私は主治医を恨んだ。

その年、この町のもうひとつの姉妹都市、チェコのジャンベルグ市に、文化交流の使節として町民たちが行くことになった。お茶、お花、お琴、詩吟、踊りなどを披露し、ワークショップも開くらしい。

夫は、三春の教育についての講演の約束を果たすため同行することになっていた。手術の後、順調に回復しかかっていた。主治医は大反対だったが夫の決意は固く、後に悔いを残さないためにどうしても行きたいという。私と類子が同行することになった。そのためには私たちも何か特技を披露しなくてはならない。特技など何も持たない私は悩んだ末、日本の昔話を語ることにした。それ位なら何とかなるだろう。類子は伝統的な民俗舞踊を踊ることにした。

混み合った空の旅は予想以上にきつかった。パリで乗り換えプラハからは車で長い道中。ヨーロッパの見知らぬ小さな町は夢のように美しかった。15世紀あたりの古い建物が其処ここに残っている。町にホテルはなく、全員が別れ別れのホームステイ。近代的な家も多い。大工さんは存在せず、家の建て方も学校で習い、個人個人が建てるのだという。信じられない思いだった。

予定は順調に進み、役目を終えた私たち一家は早々に、グループより一足先に帰途に着いた。ただし寄り道をしてウイーン大学の知人にも会い、1日ウイーンの街を馬車に乗って見物した。帰国してからは案の状、急速に体調が悪化した。

ホスピスに入院して23日目の、1999年8月13日、夫はあっけなくあの世に行ってしまった。ウイーンの1日が最後の思い出になってしまった。何も手につかない私を類子は何かと支えてくれた。

## 里山喫茶「燦」で、類子と

2000年、東電の度々の事故隠し、データ改ざんが発覚し、当時の佐藤栄佐久知事が、認めていたプルサーマル導入を白紙撤回、凍結した。知事はおそらくそれが原因で失墜した。

2003年、間もなく、教員を辞めた類子は、退職金をはたいて、里山喫茶「燦」(きらら)を開店する。太陽光発電のパネルを並べ、出来る限り、電力会社の電気は節約する。かといって食品を扱うあきないで冷蔵庫やオーブンは欠かせない。

山間の喫茶店は、気のあった友達や、なじみの客たちのほか訪れる人も少なく、穏やかな日々が続いていた。経営はかなり苦しいがどうにかやり繰りしているらしい。山の四季は驚くほど美しい。

地方ながら都市生活の長かった私は、どちらかというと田舎暮らしが苦手で、程よく抑制された人間関係の中で暮したかった。だが、時折訪れる里山の暮らしがだんだん好きになっていった。灯りのない夜の星空や月の美しさは言いようもない。

２０１０年、先の四つの町は、財政が逼迫して、再びプルサーマルの受け入れを県に要請。この時になって初めて私は愕然とした。現佐藤雄平知事の姿勢に、こうしてはいられない危機感を抱いた。

類子が有志や若者によびかけて、プルサーマルの学習会などを始めた。私も加えてもらって遅まきながらの勉強を始めた。脱原発福島ネットワークの仲間は急速に増えた。福島県庁への抗議申し入れには、私も初めて同行した。

私の願いはただ一つ、未来ある人々に美しいままの故郷を残してあげたい。

## 県庁前「沈黙のアピール」

その後始まった県庁前での「沈黙のアピール」にも何度か加わった。県庁西庁舎の玄関前で静かなアピールを行い、その後知事秘書室まで押しかけて、プルサーマル受け入れをしないように要望申し入れをするのだが、佐藤雄平知事は一度も顔を見せたことがない。

何度行ってものれんに腕押しの頼りなさだ。

プルサーマル運転の安全性が確立したとして、県議会の承認を経て、運転が始まったのは２０１０年10月である。その後も撤回を求めて「沈黙のアピール」は続いていた。

２０１１年3月26日には福島第一原子力発電所1号機は40周年を迎える。40年で廃炉にすることが決まっていた原子炉の寿命を50年に延期するという。しかも3号機はＭＯＸ燃料を普通の原子炉で燃やす。こんなに危険なことを許していて良いのだろうか。

脱原発福島ネットワークでは、新たに「ハイロアクション福島原発40年実行委員会」を結成して40周年の3月26日にアクションを決行することになる。そのための準備が整いつつあった3月11日、東日本を思いもかけぬ大地震が襲いかかった。

以後のことは、誰の記憶にも新しいことだろう。

## 戦争、原発、棄民

作家石川達三に『蒼氓』という作品がある。第1回芥川賞のこの小説は、ブラジルへの移民が渡航する船の中の日常を描いたものだったと思う。移民とはすなわち棄民であることを、それを読んだ時知った。（蒼氓とは青く茂る草にたとえた人民のこと）

避難先で見たテレビ画面で、時の枝野官房長官が「（放射能は）身体にただちに影響はない」と言っているのを聞いたとき、反射的に頭に浮かんだのは棄民という言葉だった。「そうか、福島県民は棄てられたのだ！」と直感した。飛躍的過ぎるかも知れないが、その後の成り行きを見ていると当たらずとも遠からずの感がある。

戦後の荒れ果てた瓦礫の焼け跡で、それを創る為に捨石になろうと誓った、新しい本当の豊かさに満ちた世界はどうなってしまったのか。それを実現したいと努力し続けて来たはずなのに、今のこの社会の様相は何なのだ。全く逆の方向に走り続けている。個人の小さな力など何になろう。

こうして改めて振り返ってみると、かつての戦争と原発が二重写しに見えてくる。根っこは同じなのだ。どちらも国策のもとに行われてきた。

市民などは、使い捨ての民草に過ぎない。邪魔になれば棄てる。それほどに国家権力とは生殺与奪の権を持つ酷薄極まりないものなのだ。

負うた子に支えられて私はここまで歩んできた。しかし、大飯原発再稼動という耐え難い現実と向かい合いつつなお、何も変わらないこの世界で、どう生きて行けばよいのか。

結論など出ないまま、それでも私たちは此処で生きて行かなければならない。

私には持てないが娘が持っている、幼い者・弱い者・物言わぬ生き物たちを護ろうとする強い意志力が、私には時に眩しい。

わすれられない
コトバ⑥

# 測ることがすべての判断の基本になる

## 放射線測定装置で汚染地図作成に貢献
## 岡野《おかの》眞治《まさはる》さん

日本における放射能測定の第一人者。1948 年電波科学専門学校（後の東海大学）卒業後、科学研究所（現理化学研究所）に入所。科学技術庁長官賞を２度にわたって受賞。第５福竜丸、チェルノブイリ原子力発電所事故、東京電力福島第一原発事故、それぞれ現地に赴き調査・測定を行っている。退職後も深海の放射能測定を行うなど、常に放射線測定・研究に従事している。

**「例えば、逃げるか、それともとどまるのかの決断を迫られた時、政府が言うからなどと無批判に受け入れてはダメ。迷ったときは、専門家の意見を参考にしていいが、最終的には各自で考え、結論を出すのがいい。そのための判断材料は現場に赴き、実際に測ってみることで得られる」**（『東京新聞』2011 年 10 月 16 日）

**「こういう事故の場合ね、事故が起こった現場に行ってみることと、逆に遠くに離れて事故の全体像を見ることが大事なんだな」**
（『ホットスポット・ネットワークでつくる放射能汚染地図』NHKETV 特集取材班＊１）

2011 年 5 月に放送され大きな反響を呼んだ NHK・ETV 特集「ホットスポット・ネットワークでつくる放射能汚染地図 」。その取材班が使ったのが岡野さん特製の放射能測定記録装置。線量の計測、GPS による位置情報の記録、放射線核種の判明、ができる。そのデータをもとに専門家ネットワークの協力で放射能汚染地図ができあがった。

政府は当時 SPEEDI などの情報を開示せず、調査も規制していた。マスコミも活動を自主規制する中、取材班はクビを覚悟で現地入りした。後に突出して高い放射線量で知られるようになる赤宇木に入った 3 月 27 日時点、毎時 80-100 マイクロシーベルト、平常値の 1300 倍以上（室内 20 マイクロシーベルト以上）であったが、避難住民はそのときまで何も知らされず 12 人残っていた。（＊１同上の内容から）

84 歳の岡野さんは、 3月の取材時より進化した放射能測定記録装置を持って 4 月 20 日から 22 日まで高線量区域を測定してまわったという。彼こそ「専門家」だと思う。

絵と文　大越京子

わすれられないコトバ⑦

# 福島原発事故以来 1800以上の検体を測りました

市民測定を24年続けている
## 鈴木千津子さん

チェルノブイリ原発事故以前はデザインの世界にいて全く原発には関心がなかったというが、以来ずっと主に食品の放射性物質を測定し続けている。測定室のある反原発市民団体「たんぽぽ舎」の共同代表。

依頼者は生産者や小売店、個人。米や野菜、牛乳といった食品だけでなく、保育園の砂場の砂や田んぼの草まで多岐にわたる。


**「消費者が不安になるのは、放射性物質の値を知ることができないから。表示しないことで選択権を奪ってはいけない。カロリー計算と同様、たとえば『今日は野菜の数値が高いから、肉は低めのものを買おう』と考える。日本の食卓はそんな時代に突入したんです」**（『東京新聞』2011年10月21日掲載から一部抜粋）

福島原発の事故後、新しく各地に設立された市民測定所の相談にものりながら測定に追われる忙しい日々を送った。数字を渡すだけでなく依頼者に寄り添う測定を心がけている。良心的な生産者ほど悩んでいるのを感じるという。

事故直後の2011年3月から4月にかけては、数百ベクレルのヨウ素やセシウムを検出することもあったが１年もたつと数字は落ち着いてきた。

**「これからは微量を測定できないと。ていねいに測っていきたいです。信頼できるデータでないと意味がないから神経を使います」** 短時間で簡易測定もできるが、規定通り２時間かけて数ベクレルまで測る。ずっと測ってきたからこそわかる変化もあった。

**「チェルノブイリのとき、食べ物から検出されなくなったころに、脱脂粉乳や鶏や牛用の餌から検出され始めたんです。人の食べ物用として使いづらくなった原料を、家畜の餌に回したことの証拠でしょう」**（たんぽぽ舎ML 2012年7月4日から一部抜粋）

チェルノブイリ後、自分で測定器を購入して周囲を驚かせた。それから地道に測定を続けた。１０年くらいでほとんど検出されなくなった時、日本のあちこちの測定所がやめていったが、鈴木さんは**「ゼロを測定することに意義がある」**とやめなかった。**「やめなかったおかげで、今回事故すぐの、最も必要な時期にフル稼働できた。一度事故が起きたら先は長いです。続けることが大事です」**

絵と文　大越京子

# 武藤類子さんに聞く

## 砂がこぼれ落ちるように風化させられている。でも、みんなが工夫して訴えることが随所で起きています。

**季節は変わっても**

――東京もふくめて、抗議行動や講演で本当にお忙しいですね。福島のお住まい兼里山喫茶の「燦（きらら）」と往復する日々ですか。

都会に出てくるのは、疲れますね。三春はだいぶ涼しくなりましたよ。季節は、変わっていきますね。「燦」にいれば、薪を割ったり草刈りをしたり、やることはいっぱいあるのですが、原発事故のあと、里山の暮らしがすべて変わってしまって、いるのもつらいです。

福島は、去年（２０１１年）の12月に野田首相が収束宣言を出しましたが、なにも終わっていません。

むとう　るいこ
1953年生まれ。福島県三春町在住。チェルノブイリ以後、反原発運動に関わっている。原発いらない福島の女たち、ハイロアクション参加。2011年９月19日、東京の「さようなら原発集会」でのスピーチが６万人の参加者の感動を呼んだ。インターネット上に広がり、多くの外国語に翻訳され海外にも伝わった。『福島からあなたへ』（写真森住卓、大月書店）にまとめられている。

## 除染ビジネス

福島原発事故があってから、いろいろありました。半年過ぎたころから、「除染」ということが言われ始め、国が莫大なお金を投入しました（２０１１年度から5年間で復興予算19兆円）。

南相馬やいわき市には、除染ビジネスに関わる会社の社員がたくさんいて、とても賑わっています。今度は、いわきが原発城下町になったようです。実際に利権を得るのは大手のゼネコン会社で、除染作業をしているのは、仕事を失くした人、食べていけなくなった農家の人たちです。その人たちが受け取るのは1日1万円か、もっと安いところもあるようで、中間に業者がたくさん入って搾取されます。作業の時の放射線防護は、マスク1枚と薄い手袋だけです。

除染の効果は、大して望めません。除染作業をしていた人から聞いた話ですが、10軒ぐらい除染が終わったころには、最初に除染した家の数値が除染前にもどっている、それが実情だそうです。

環境省は、森林の除染はしないと言っていました。それに対して福島県は、除染するように申し入れて、国が受け入れたと昨日の『毎日新聞』（２０１２年8月29日付け）に出ていました。除染をするのは、人びとの健康被害を考えてというより、雇用対策や経済的な効果を考えてという気がします。

ちいさい子どもがいる家や、学校の通学路は、もちろん除染が必要だと思うけれど、全体としてはビジネスになってしまい、本来の意味がなくなっています。

## 子どもが「復興」の象徴に

**――7月末に郡山から福島まで「ＳＬふくしま復興号」が走るイベントがあって、沿道で「ありがとう」とか「がんばっぺ福島」と書いた旗やプラカードを持った地元の人たちが手をふっている。その映像をみると、復興キャンペーンには懐疑的な私もウルっときてしまいます。音楽と映像の力で感情を吸い寄せられる怖さと、福島のことが忘れられていく東京の日常へのいら立ちを感じました。復興についてはどうお考えですか。**

福島では、「復興」ということが盛んに言われています。「がんばろう福島」とか、「福島のものを食べて応援しよう」などのキャンペーンがあり、去年（２０１１年）は中止になった子どもたちのパレードやマラソン大会なども再開されています。

今年の8月には伊達の桃農家に大阪の子どもたちを連れて行って食べ放題にさせるという企画もありました（ピーチプロジェクト・ジュニア。主催・福島ステークホルダー調整協議会）。さすがに抗議がきて、大学生にかわったそうです。

こういうふうに、子どもたちが復興の象徴として使われていることに、福島ではみんなが憤りを感じています。子どもたちの外遊びの制限時間も解除になり、0・6マイクロシーベルト以下はプールを開いてもいいことになりました。

よってたかってと言ったら言葉は悪いけど、事故はおわりました、なんの心配もありませんよ、と宣伝している気がします。

去年9月19日明治公園での「さようなら原発」集会で言いましたが、事故のあと福島の人たちは、逃げる・逃げない？　食べる・食べない？　洗濯物を外に干す・干さない？　子どもにマスクをさせる・させない？　畑をたがやす・たがやさない？　もの申す・黙る？　と本当にいろんなことを選んで暮らしてきました。そうやって1年半が過ぎようとしています。

事故がない普段の生活だけでも、さまざまな困難をかかえて生きているわけでしょ、だからもう疲れ果てて、原発事故は終わったというところに気持ちをもっていきたくなるんです。安全だと言われれば、そこを拠りどころにしたくなるんです。お祭りや行事が、とっても巧妙にキャンペーンに使われていますね。

原発労働でもそうです。放射能を浴びる原発事故処理作業は、それこそ人海戦術で、たくさんの人が被曝しないと事故の収束ができません。廃炉にするにしても、大量の被曝者を生み出します。それが「雇用創出」になるというのだから、原発はそもそも、間違ったことに手を染めたとしか言えません。

原発で働く人たちが、福島の復興のためにがんばっているのはその通りですが、「自分がやらなければ誰がやるんだ」という思いに、なにかがつけこまれている気がします。

こういうキャンペーンのなかで、放射能は危険だと思う人、心配している人たちが、声を出しにくくなっています。だって、隣の人が復興事業にまい進しているのに、「あぶないんじゃないの」とは、言いにくいでしょう。

砂が指の間からこぼれ落ちるように風化していく。しかも、いちばん被害を受けたところから、風化が促進させられている感じがします。

**福島県民1324人が告訴**

**――いろいろなところで話をして、反応はどんな感じですか。**

各地に出かけていって福島の現状をお話しすると、「知らなかった」という感想が多いですね。今言ったような福島の現状は、なかなか外には伝わっていません。マスメディアの罪も大きいですね。一方で、「告訴」についての関心はとっても強いですね。

**――では、告訴について教えてください。**

2012年3月に告訴声明を出しました。3カ月の間に、福島県に住む人、避難した人もあわせて県民1324名が告訴人になり、6月11日、福島検察に陳述書と告訴状を提出しました。罪状は3つあって、業務上過失致死傷、公害犯罪処罰法、激発物破裂容疑で、国と東京電力の関係者33人、そして会社としての東京電力を告訴したのです。それが、8月1日に受理されました。去年7月に告訴した広瀬隆さんたちも、私たちと同じ日に東京地検に受理されたようです。

弁護士さんから、告訴が受理されたと連絡をもらったのが、ちょうど、福島市で開かれた意見聴取会（エネルギー環境パブコメ）の会場にいた時でした。細野豪志さん（原発事故担当）がちょうどいたので、会の終了直後に「細野さん、告訴が受理されました！　これから捜査がはじまります！」って叫びました。みんなも「もっと福島の声をきけ」とか声をあげていましたよ。

受理はされたけれど、これから検察がきちんと調査して起訴にもっていくまで、わたしたちも、検察を後押ししたり、圧力をかけたりしないといけません。

今は、第2次の告訴を全国で受けつけています。広瀬隆さんたちが、官邸前行動をきちんと報道しようとヘリコプターを飛ばしました。そのとき全国から集まったカンパの一部をいただいたので、全国で10ヵ所事務局をつくりました。北海道、東北、北陸、甲信越、関東、中部、関西、中国・四国、九州、静岡です。

**自分の力を取り戻す**

**――福島の住民や自主避難した人ではなくても、東京電力や国から被害を受けたと感じている人は誰でも告訴人になれるのですか。**

原発事故によって、放射能は日本中に放出されたし、福島以外の人も、さまざまな経験をし、いろいろなことを感じたと思います。東京電力や国に対する怒りや憤りをもっている人、物理的にも精神的にも被害を受けたと感じた人は、全員が告訴人だと考えています。今年11月に1万人ぐらいの規模で、第2次告訴をしたいと考えています。

どなたでも申し込みできます。弁護士への委任状と陳述書を書いていただく。どうしても陳述書を書けない人は、委任状だけでも大丈夫です。でも、文章に書いてみると、自分がどういう被害を受けたかということが、はっきり認識できるので、とても大切なプロセスだと思います。

福島の場合、自分の憤りをどこにも訴えることができなかったわけですが、陳述書を書くことによって、自分の力を取り戻すことになっていきます。陳述書の1枚1枚が胸を打ちます。

国会の「東京電力福島原子力発電所事故調査委員会」の報告は出たけれど、調べきれなかったところがありますし、個人の責任は問えなかった。それに対して私たちは、事故に対する個人の責任を明らかにしてほしいという思いから告訴しました。

検察が強制捜査をして、きちんと証拠を出させ、きっちり調べて明らかにしていくことが必要です。検察が重要な事件としてとらえ、「やるぞ！」と思わせられるかどうかは、陳述書にかかっているのではないかと思います。そのためにも、たくさんの人に告訴人になってもらうことが重要です。

**――第1次の告訴では、どのような陳述書が集まりましたか。**

小さい子どもさんから高齢者まで、福島で告訴した人のうち７００人の方が陳述書を出しました。子どもの陳述書は、家族で引っ越しをすることになって、突然転校して友だちと別れ別れになってしまった、とか、若いお母さんたちは子どもの健康被害がとても心配だということが多いですね。家のローンが残っているけれど避難せざるを得ない、作っている野菜が売れなくなって生活できない、勤め先の経営が悪化して仕事を失ったという人もいます。賠償が出ない地域ではさらに大変で、父親が残って働かないとローンが返せない、だから家族が別れて暮らさざるをえないとか。高齢の方は、孫に会えなくなった、いままで新鮮な野菜を孫たちに送るのが楽しみだったけれど、それができなくなったという陳述もあります。そうした被害とともに、自分たちが原発を許してしまった、われわれの世代の責任だと書かれている高齢者の方も多い。ほんとうにさまざまな困難を皆さんが訴えています。

それから、私は、これは人道問題だと思っています。子どもが被曝地にずっといなければいけない状態、子どもだけではなく大人も、無用な被曝をずっと受け続けているのは人道への犯罪です。日本の国内法のなかの限界はあるでしょうが、ぶ厚い壁に少しでもクサビを打ち込めればと思ってます。そして、また別に国際的にも訴えていく方法も考えられればとは思っています。

**――類子さんが原発事故の前からやっていた非暴力直接行動と、今回の告訴という方法とはどのようにつながるのですか？**

本当は非暴力直接行動のようなものが私の好みだし（笑）、やりたいことではあるけど、それだけでは済まなくなってきているんですね。自分が、告訴にどういう意味を見いだすか、ずいぶん考えました。告訴は、人の犯罪性、罪を問うことです。恐ろしいという気持ちがあります。告訴することで自分の生き方が問われます。でも、被害者がきちんと被害を訴えることは、人として当然の権利だし、自分の尊厳を取り戻すのに重要なプロセスだと思うようになりました。

いま福島は、人びとの分断がすごいんですよ。事故のことが風化する一方で、内心はみんな心配です。しかも、本来は対立すべきではないのに、生産者と消費者、補償金額の多い人、少ない人、受けられない人で対立させられている状況があるんです。闘うべき相手はほかにいるのだと伝えたいし、もう一度ひとつにつながるきっかけをつくりたい、これもまた別の意味での非暴力直接行動、意味のあるアクションだと思うようになりました。

## そこにいるだけでいい――非暴力直接行動

**――もともとの「好み」である非暴力直接行動との出会いを聞かせてください。**

最初に知ったのは、阿木幸男さんの『非暴力トレーニング』（野草社、1984年、のちに『非暴力トレーニングの思想』2000年、論争社）という本です。読んだのは1990年代になってから、私が原発反対運動を始めてからです。同じ頃に、イギリスのグリーナムの女たちのことも知って「これはいい！」と思いました。

私は人前でしゃべるのも、書くのも苦手だから、自分の身をそこにおくだけで、何かができる、自分のからだで表せるということに惹かれました。

その後、横浜の「非暴力団」という人たちにきてもらって非暴力のトレーニングをしたり、私も出かけていって学びました。

非暴力のトレーニングというのは、直接行動のやり方だけではなくて、参加者がお互いに自分の歴史を聞き合って、信頼関係をつくっていくことも含まれます。実際の直接行動では、ピースキーパーという人がいて、混乱をふせぐというふうに、やり方もとても丁寧なのも、いいなあと思いました。

２０１１年12月、経済産業省前で福島の女たちが座り込みをやったときは、デモに参加するのは初めてという人も多かったし、まして座り込みなんてみんな初体験でしたから、とにかく逮捕者がでないように、混乱しないようにということをすごく考えました。

**――非暴力直接行動のやり方や考え方が生きているんですね。類子さんたちは仲間と組んで行う「コウ・カウンセリング」もやってらっしゃいますね。**

アメリカで学んで来た安積遊歩が、18年前、福島でクラスをやったときに私も受けて、これは自分にとって、いいカウンセリングの方法だし、運動をしていくなかでも不可欠だと思ったんです。運動って、しんどいこと、つらい場面、人間関係のトラブルもいっぱいあるでしょ。やってもやっても成果はあがらないし、自分の信念や気持ちを保つことも大変です。

みんなで力を合わせてやっていくためには、そういう個人的な思いや気持ちを整理していくことが大事だと思うんです。繋がっている実感みたいなものを感じ、自信を取り戻すためにも、運動をする人にこそコウ・カウンセリングを広めたいと思いました。

遊歩たちを呼んで、六ヶ所村でも女たちの集会をしました。１９９０年すぎでした。

いろいろなワークショップをやりましたが、たとえば、どんな感情を出してもいいよという約束をして、お互いの話を聞くというのもやりました。コウ・カウンセリングの特徴のひとつに、タイマーを使って時間を決めるというのがあります。時間というのは、平等なようで意外と平等じゃない。うんとしゃべる人もいれば、いつも聞き役になる人もいる。同じく時間を決めることで、しゃべらなくても、その時間はその人の時間で、その人に注目がいきます。誰でも、それぞれに注目されたい、話しをきいてもらいたいという欲求はあります。それを保障していく。コウ・カウンセリングをしていると、日常生活のなかでも、人の話をきくようになれますね。

福島では「ハイロアクション」の人も何人かやっていますね。絹江ちゃんたちもやってるよね。

（＊ここで鈴木絹江さんからひとこと）

**鈴木**　コウ・カウンセリングの変形バージョンとして、障害者のなかではピア・カウンセリングをやってます。

福島は、障害者運動の中でもかなり最初に立ち上がったところです。東京の運動を見て、真似しようともしたけれど、「おらだちには真似できねえな、田舎は田舎のやり方でやるしかねえな」となっていきましたね。障害を持たな

左、武藤類子さん、右、鈴木絹江さん。

い人でもそうですが、持つ人ならなおさら、自分のアイデンティティを確立していくことはとても大事なんですよね。

今回の原発の爆発のあと、いろいろなネットワークができたでしょ。そうすると、「あ、○さんだ、△さんだ」と、昔から知ってる友だちばっかりという感じ。手をあげない人は相変わらずいっぱいいます。ただ、自分の大切なものを大事にしたい人たちが、あちこちにいた。それも、自分だけが幸せになるんじゃなくて、みんなでいい形にしたいと思っているのね。みんな私と古い友だちで、そんな人たちとつながっていたということがとてもうれしかったです。

わたしは福島が故郷《ふるさと》という意識はあまりなくて、畳の上で死ねなくても、地球の上で死ねるならいいじゃない、故郷にへその緒をつけておく必要はないと思っていました。でも、原発事故で、「あなたの故郷は福島だよ」と言われた気がします。いずれは避難するつもりですが、どう再生するか、長い時間がかかって私が生きてる間は難しくても、見届けたい気持ちがあります。

## カンショ踊りと「もの申す」存在

――ところで、類子さんはカンショ踊りとはいつ出会ったのですか。

もともと私は、踊ったり歌ったりするのが好きで、養護学校の教員をしていた30年前くらいから、宮城教育大学の中森孜郎先生の「日本の子どもに日本の踊りを」という講座に通っていました。* 福島のいろいろな場所にある、埋もれた踊りを習いに行って、そのなかで出会ったのがカンショ踊りです。

カンショ踊りというのは、「気が違ったように」踊るという意味です。ゆっくりしたもの、激しいもの、早いものなどバージョンがいくつかありますが、右手と右足が一緒のナンバ歩きの動きは共通です。江戸時代の飛脚はナンバ走りだったし、鍬で土を耕すときとか労働の所作もそうですよね。同じ側の手足を出すほうが理にかなっていて、それが踊りにもなっています。

ところが、明治時代になって西洋式軍隊の行進になってから、右手と左足というふうになってきました。カンショ踊りは、第二次大戦後に、アメリカ的なものが良しとされたとき、撲滅運動が起きたんです。かけあいの言葉が卑猥だということで、盆踊りのとき、やぐらの上から監視して、「あなたの踊りはダメです」と注意する。かわりに、新しい会津盆踊りもできました。会津だけではなく、どこでもそういう動きがあったんです。

三春の古い盆踊りも習いました。相馬のほうには、「じゃんがら」という、男の人のとても色っぽい踊りもあるんですよ。盆踊りは、鎮魂の踊りなんですよね。

六ヶ所村のキャンプのときも、歌をつくって一緒にうたったり、踊ったりしました。「やっぱ、女は歌と踊りでしょ」なんてね。そうとは限りませんけどね（笑）。

毎週金曜の官邸前行動にも何回か参加しましたが、8月頃からは文部科学省前でも、集団疎開に関わる人たちが寸劇や紙芝居もやり始めたそうです。来週は私も、踊り指導ということで行きます。市民が外に出て、みんなが工夫して、いろいろなことを訴えることが随所で起きています。

福島の郡山駅前でも、最初は2、3人の女性がチラシを配り始めたら、最近は50人くらいになりました。ずっと黙っていて、素直でおとなしい存在であり続けてきた人たちが、もの申すことを選ぶようになってきたのは、すごくいいことですね。そのなかで、自分の力が取り戻せるのだと思います。

**——ありがとうございました。**

（2012年8月30日　首相官邸隣、東横イン溜池山王の庭で）

まとめ・大橋由香子

＊中森孜郎著『日本の子どもに日本の踊りを——民舞教育の探求』（国土社　1998年）

被告訴・被告発人目録

| | | |
|---|---|---|
| 1 | 勝俣　恒久 | 東京電力株式会社　取締役　会長 |
| 2 | 皷　紀男 | 東京電力株式会社　取締役副社長　福島原子力被災者支援対策本部兼原子力・立地本部副本部長 |
| 3 | 西澤　俊夫 | 東京電力株式会社　取締役社長 |
| 4 | 相澤　善吾 | 東京電力株式会社　取締役副社長　原子力・立地本部副本部長 |
| 5 | 森　明生 | 東京電力株式会社　常務取締役　原子力・立地本部長兼福島第一安定化センター所長 |
| 6 | 清水　正孝 | 東京電力株式会社　前・取締役社長 |
| 7 | 藤原万喜夫 | 東京電力株式会社　常任監査役・監査役会会長 |
| 8 | 武藤　栄 | 東京電力株式会社　前・取締役副社長原子力・立地本部長 |
| 9 | 武黒　一郎 | 東京電力株式会社　元・取締役副社長原子力・立地本部長 |
| 10 | 田村　滋美 | 東京電力株式会社　元・取締役会長倫理担当 |
| 11 | 服部　拓也 | 東京電力株式会社　元・取締役副社長 |
| 12 | 南　直哉 | 東京電力株式会社　元・取締役社長・電気事業連合会会長 |
| 13 | 荒木　浩 | 東京電力株式会社　元・取締役会長倫理担当 |
| 14 | 榎本　聰明 | 東京電力株式会社　元・取締役副社長原子力本部長 |
| 15 | 吉田　昌郎 | 東京電力株式会社　元・原子力設備管理部長　前・第一原発所長 |
| 16 | 班目　春樹 | 原子力安全委員会委員長 |
| 17 | 久木田　豊 | 同委員長代理 |
| 18 | 久住　静代 | 同委員 |
| 19 | 小山田　修 | 同委員 |
| 20 | 代谷　誠治 | 同委員 |
| 21 | 鈴木　篤之 | 前・同委員会委員長（現・日本原子力研究開発機構理事長） |
| 22 | 寺坂　信昭 | 原子力安全・保安院長 |
| 23 | 松永　和夫 | 元・同院長（現・経済産業省事務次官） |
| 24 | 広瀬　研吉 | 元・同院長（現・内閣参与） |
| 25 | 衣笠　善博 | 東京工業大学名誉教授（総合資源エネルギー調査会原子力安全・保安部会耐震・構造設計小委員会　地震・津波・地質・地盤合同ＷＧサブグループ「グループＡ」主査。総合資源エネルギー調査会原子力安全・保安部会耐震・構造設計小委員会　地震・津波、地質・地盤合同ＷＧ委員） |
| 26 | 近藤　駿介 | 原子力委員会委員長 |
| 27 | 板東久美子 | 前・文部科学省生涯学習政策局長（現・同省高等教育局長） |
| 28 | 山中　伸一 | 前・文部科学省初等中等教育局長（現・文部科学審議官） |
| 29 | 合田　隆史 | 前・文部科学省科学技術政策局長（現・同省生涯学習政策局長） |
| 30 | 布村　幸彦 | 前・文部科学省スポーツ・青少年局長（現・同省初等中等教育局長） |
| 31 | 山下　俊一 | 福島県放射線健康リスク管理アドバイザー（福島県立医科大学副学長、日本甲状腺学会理事長） |
| 32 | 神谷　研二 | 福島県放射線健康リスク管理アドバイザー（福島県立医科大学副学長、広島大学原爆放射線医科学研究所長） |
| 33 | 高村　昇 | 福島県放射線健康リスク管理アドバイザー（長崎大学大学院医歯薬学総合研究科教授） |

## 「福島原発告訴団」告訴声明

2012年６月11日

今日、私たち1324人の福島県民は、福島地方検察庁に
「福島原発事故の責任を問う」告訴を行ないました。
事故により、日常を奪われ、
人権を踏みにじられた者たちが
力をひとつに合わせ、怒りの声を上げました。

告訴へと一歩踏み出すことはとても勇気のいることでした。
人を罪に問うことは、
私たち自身の生き方を問うことでもありました。

しかし、この意味は深いと思うのです。
・この国に生きるひとりひとりが大切にされず、
だれかの犠牲を強いる社会を問うこと
・事故により分断され、引き裂かれた私たちが
再びつながり、そして輪をひろげること
・傷つき、絶望の中にある被害者が
力と尊厳を取り戻すこと
それが、子どもたち、若い人々への責任を
果たすことだと思うのです。
声を出せない人々や生き物たちと共に在りながら、
世界を変えるのは私たちひとりひとり。
決してバラバラにされず、
つながりあうことを力とし、
怯むことなくこの事故の責任を問い続けていきます。

「福島原発告訴団」告訴人一同

**《半減期》** 放射線を出す能力 ( 放射能 ) は時間がたつと減る。減る割合は放射性物質の種類(核種)によって異なる。放射能が半分になる時間を**「物理学的半減期」**という。体内に入った放射性物質には核種ごとに沈着しやすい臓器があるが、大部分は排泄や代謝により減っていく。体内に入った放射性物質の量が半分になる時間を**「生物学的半減期」**といい、年齢によって異なる。☆1

《放射線比較》☆2

| | | | |
|---|---|---|---|
| β線 | (電子) | (非常に軽く空気中では数 m でとまる) | (透過力中くらい) |
| γ線 | (電磁波) | (重さなし数十 m まっすぐとぶ) | (透過力は強い) |
| α線 | (ヘリウム原子) | (重く空気中で数 cm しかとばないがパワーはガンマ線の 20 倍) | (透過力は弱い) |
| 中性子線 | (中性子) | (軽いが鉛もつきぬける透過力) | (透過力非常に強い) |

※放射線の測定:入手しやすいガイガーカウンターをはじめ、内部被曝を測定する WBC や食品測定においても比較的測定しやすいγ線がおもに測定されている。γ線量から他の放射線量も推測できる。

☆その他:農林水産省 HP 放射性物質の基礎知識など

絵と文　大越京子

# おもな放射性物質と放射線一覧

β線《ベータ》 γ線《ガンマ》 α線《アルファ》 それぞれの放射線が細胞を傷つけるが、エネルギー量や影響に違いがある。

《参考資料》☆1：埼玉県HP 埼玉県における放射能の影響に関するQ&Aより抜粋　☆2：長崎国際大学薬学部HP 高校生・一般のための放射能ページ

## おもな放射性物質の特徴

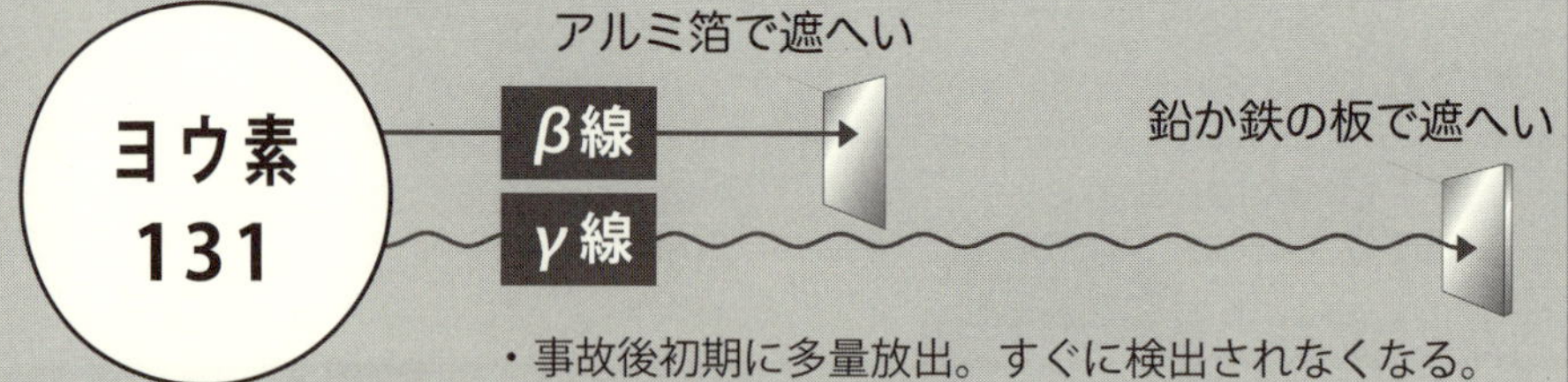


物理学的
半減期　8 日

・事故後初期に多量放出。すぐに検出されなくなる。
・水に溶けやすい。
・被曝直後に安定ヨウ素剤を飲めば体への取り込みを抑えられるが、効力は即時 93%、2 時間後 80%、24 時間すぎると０%。投与指示にスピードが必要。

ICRP が認めたチェルノブイリ事故由来の健康被害が、甲状腺がん

体内に取り込んだヨウ素は
排出する前に
体内で壊変するので
被ばくの影響が大きい

血液から入って大部分は尿や便で
排出されるけど、甲状腺に残る

実効半減期が 7～８日なのでごく初期に
検査しないと被ばくしても検出されない。
福島のヨウ素被ばくのデータはないので
健康調査で経過をみるほかない…。

※小児甲状腺サーベイによる簡易検査は３月末に約 1000 人に行われ、1 歳児の甲状腺等価線量 100 ミリシーベルトに相当する毎時 0.2 マイクロシーベルトを超えなかったと 2011 年 4 月に発表（☆1）。検査時期が遅すぎる。

※2012 年 4 月、福島県は甲状腺の超音波検査（子ども 38000 人）の結果を発表。良性のしこりなどがあって２次検査が必要な子は 0.5%の 186 人、それ以外は問題なしとした。しかし問題なしに含まれる A 判定の中に、のう胞や結節があった子は 13460 人おり、35.3% を占める（☆2）。A 判定とされた子を検査させたくても山下俊一氏から甲状腺学会会員に２年後の検診まで追加検査をしないよう文書が送られ、セカンドオピニオンが受けられない状況だった。これを問題にしていた福島老朽原発を考える会などによる情報開示問題の要望書の提出行動（2012 年 9 月）の日、福島県立医大放射能医学県民管理センター広報部門長の松井史朗特命教授は、「山下文書はセカンドオピニオンを妨げる趣旨でない」と、広報することを約束した。

「今回、政府は原発周辺住民にヨウ素剤の服用を指示しなかった。しかし研究会（放射線事故医療研究会）では、原子力安全委員会の助言組織メンバー、鈴木元・国際医療福祉大クリニック院長が「当時の周辺住民の外部被曝の検査結果などを振り返ると、安定ヨウ素剤を最低１回は飲むべきだったと指摘した」
（朝日新聞デジタル 2011.8.27）

「東京電力福島第一原発事故による福島の子どもの甲状腺被曝（ひばく）について、政府の原子力災害対策本部は昨年８月、調べた１０８０人の５５％の保護者に「ゼロ」と通知したが、実際は一定の被曝をしていた可能性の高いことが分かった。放射線医学総合研究所が昨年３月の実測値から独自に計算した。この結果について、政府は「誤差が大きく、不安を招く」として、今後も保護者に通知しない考え。」
（朝日新聞デジタル 2012.7.11）

絵と文　大越京子

☆1：被災者支援チーム医療班から原子力安全委員会医療班への照会に対する回答　☆2:H23 年度甲状腺検査の結果概要（第７回福島県県民健康調査検討委員会 H23.6.12 の資料）

## おもな放射性物質の特徴

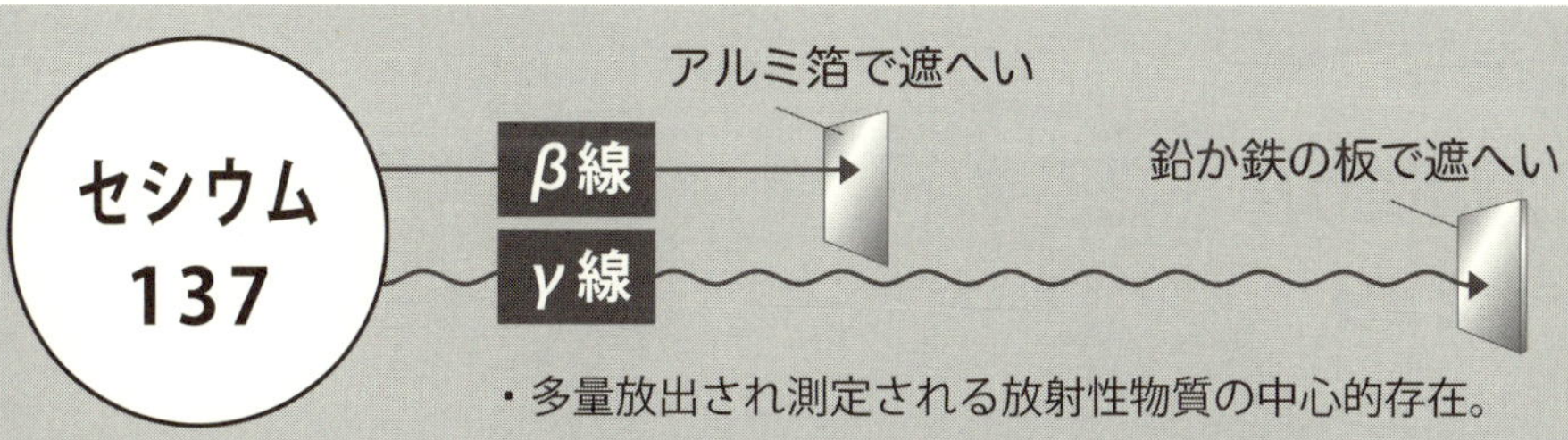

セシウム
137
β線
γ線
アルミ箔で遮へい
鉛か鉄の板で遮へい

物理学的
半減期 30 年

・多量放出され測定される放射性物質の中心的存在。
・粘土質の土に長くとどまる（多くが地表５cm）。
・こけ、藻類に長くとどまる。
・カリウムに似ているため、植物や動物がカリウムのかわりに内部に取り込みやすい。

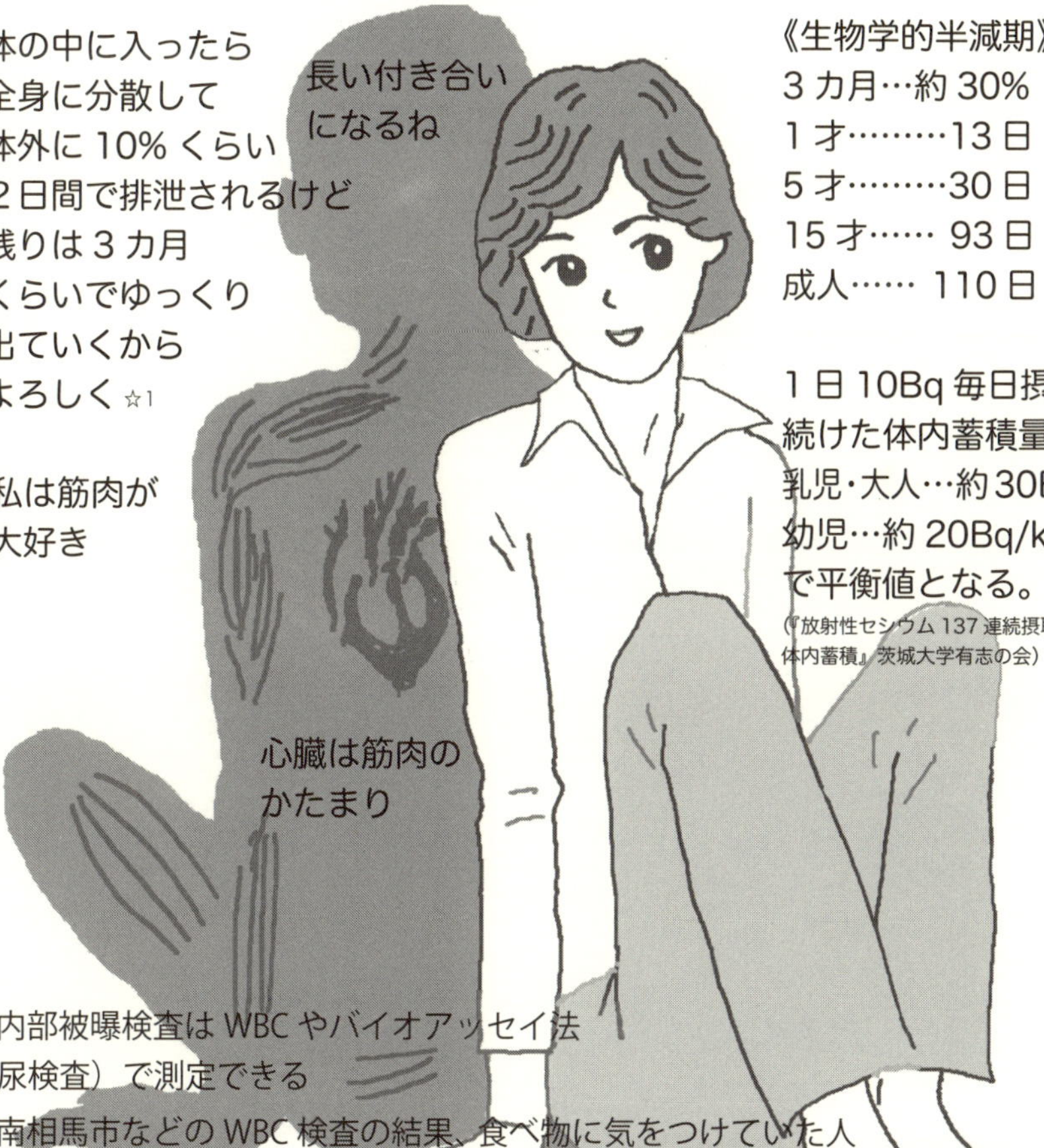

体の中に入ったら
全身に分散して
体外に 10% くらい
２日間で排泄されるけど
残りは３カ月
くらいでゆっくり
出ていくから
よろしく☆1
長い付き合い
になるね
私は筋肉が
大好き
心臓は筋肉の
かたまり

《生物学的半減期》
３カ月…約 30%
１才………13 日
５才………30 日
15 才…… 93 日
成人…… 110 日

１日 10Bq 毎日摂取し
続けた体内蓄積量
乳児・大人…約 30Bq/kg、
幼児…約 20Bq/kg
で平衡値となる。
（『放射性セシウム 137 連続摂取による体内蓄積』茨城大学有志の会）

・内部被曝検査は WBC やバイオアッセイ法（尿検査）で測定できる
・南相馬市などの WBC 検査の結果、食べ物に気をつけていた人は被ばく量が少ないことがわかった

（WBC= ホール・ボディ・カウンター）

《参考資料》 ☆1：日刊スパ！ 2012.4.02 富永国久古医師

絵と文 大越京子

## おもな放射性物質の特徴

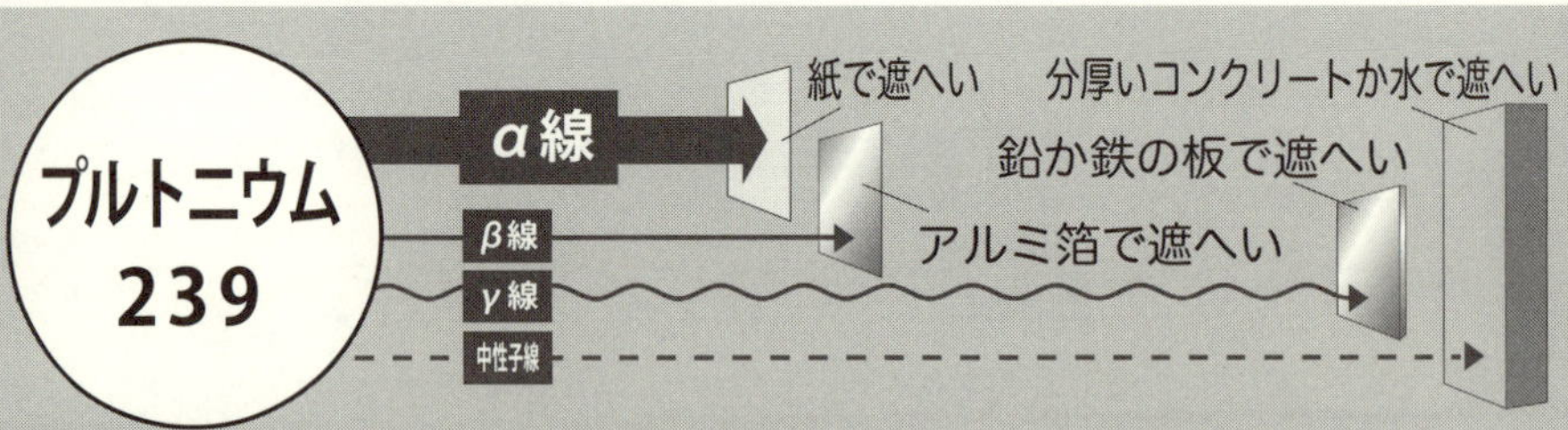
プルトニウム
239
α線
β線
γ線
中性子線
紙で遮へい
アルミ箔で遮へい
鉛か鉄の板で遮へい
分厚いコンクリートか水で遮へい

物理学的
半減期 24000 年

- γ線などの 20 倍のエネルギーを持つα線を放出。
- 地上にあるプルトニウムはすべて人工物。
- 水に溶けにくい。
- 酸化プルトニウムは微粒子となって空気中を漂いやすい。☆1

名前の由来は
冥界（地獄）の王
お墓まで
ずーっと一緒よ
末代まで離れないよ
さわるだけ、
飲むだけなら
あまり取り込まないけど
吸ってしまったら
肺にとどまって
血液から肝臓へ移動
骨に沈着しやすく
体内に数十年…
よろしく
肺に入ると
肺がんに
肝臓には
20 年

- α線は測定がしにくいため、データが少ない。
- 内部被曝検査はバイオアッセイ法（尿検査）。WBC（ホール・ボディ・カウンター）では測れない。

《参考資料》 ☆1：高木仁三郎『プルトニウムの恐怖』 その他：原子力資料情報室 HP 放射能ミニ知識など

絵と文　大越京子

## おもな放射性物質の特徴

**ストロンチウム 90**

**β線** → アルミ箔で遮へい

物理学的半減期 28.8年

・土壌の 1 m の深さまで浸透。土壌の中で動きやすい。
・水に溶けにくい。
・1963〜66 年が作土の濃度ピークだった。当時の日本人は 1 日約 1Bq を摂取していた。☆1
・カルシウムに似ていて植物や動物が取り込みやすい。

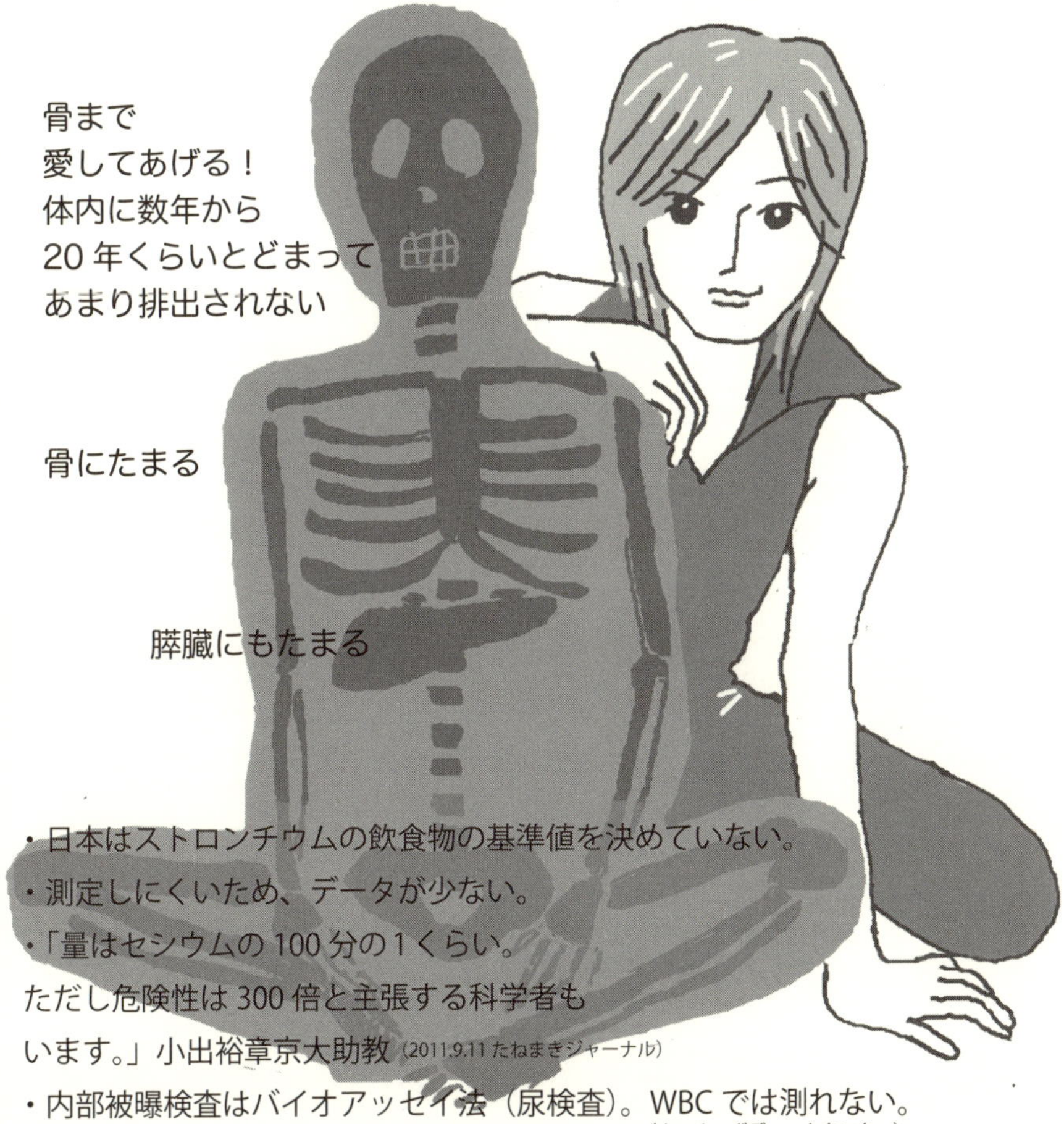

骨まで
愛してあげる！
体内に数年から
20 年くらいとどまって
あまり排出されない
骨にたまる
膵臓にもたまる

・日本はストロンチウムの飲食物の基準値を決めていない。
・測定しにくいため、データが少ない。
・「量はセシウムの 100 分の 1 くらい。ただし危険性は 300 倍と主張する科学者もいます。」小出裕章京大助教（2011.9.11 たねまきジャーナル）
・内部被曝検査はバイオアッセイ法（尿検査）。WBC（ホール・ボディ・カウンター）では測れない。

《参考資料》 ☆1：一般社団法人日本土壌肥料学会 HP

絵と文　大越京子

# 2章　出会いをつなげる

女たちから女たちへ
おんなの力で新しい明朝《あした》を

丸木俊・画。

「新しい明朝《あした》をつくるおんなの会」

本文 p.173参照。

# しがらみ、なりゆき、あきらめの中での、一人ひとりの選択を大切にしたい

## 母性・フェミニズム・優生思想

大橋由香子

### 悔いと違和感のはざまで

3・11から1カ月がすぎるころから、週末には原発に反対する集会やデモが呼びかけられた。回を追うごとに参加者は多彩になった。赤ちゃんを抱っこした人、ベビーカーを押す人、子どもと手をつなぐ人もいれば、被り物の人、賑やかに楽器を打ちならす若者、車椅子の人もいる。まさに老若男女が集まるようになっていた。

政府や東京電力は、「ただちに健康に影響はありません」を繰り返し、放射能にさらされる福島住民の健康と暮らしを守ろうとしない。各省庁への抗議行動、国会議員会館の院内集会が開かれ、福島から駆けつけた人びとは激しい声で、ときに涙を流しながら「子どもたちを守って」と訴えていた。

20年近く、市民運動のデモや集会などはほとんど報道しなかったマスコミは、「子連れのお母さんたち」や、ツイッターやフェイスブックで集まる「デモ初参加の若者たち」を「新しい潮流」として少しずつ報道していった。

計測器を購入して放射線量を計り、給食の食材、公園や校庭の放射線量について、学校や保育所、行政に話し合いを求める動きが広まった。「ママ」や「お母さん」と名のつくグループやネットワークが各地で生まれた。福島の妊婦、母と子を支援しようという動きも出てきた。

１９５４年ビキニ核実験での第五福竜丸被ばくを契機とした署名運動の盛り上がりや、平和運動における母親大会、近年ではチェルノブイリ事故のあとの伊方原発出力調整実験の反対行動など、反核・反原発運動の中で女性や子ども

©Danièle Huet

の姿は珍しくなかった。だが、その他の課題におけるデモや集会は、「丈夫」で「身軽」な人が多く参加してきたのも事実だ。1970年前後の全共闘運動以降、デモへの規制や弾圧が厳しく、怪我や逮捕の危険もある。子連れでの参加は想定外だったのか、「ママたち」の出現は、マスコミだけでなく、運動に関わっている人にも「新鮮」に映り、「やっぱり母は強い」「ママたちの動きはすごい」と賞賛された。

ところが、このような「持ち上げ方」と表裏一体なものとして「ママたち（女たち）は、難しいこと・科学的なことは苦手」という決めつけが存在している。

こうした偏見は、『妊娠中の方、小さなお子さんをもつお母さんの放射線へのご心配にお答えします』という厚生労働省の冊子（2011年4月1日時点の情報や考え方をもとに作成）に見事に現れた。母親が不安になると子どもの精神に悪影響をあたえる、お母さんは笑顔で子どもに接していればいいという内容で、データや根拠は示すことなく、「安全です。心配しすぎる必要はありません」を繰り返すばかり。ツイッターの世界で人気者の「もんじゅ君」も、こうつぶやいた。

厚労省の「安全」リーフレットも、具体的に書けばセットクリョクがでるのに、なんでそうしないんだろね。お母さん達に数字や根拠を見せる必要はないとでも思ってるのかなあ？　ピンク色にしたり字を大きくしたりイラストをつけたりすることが「わかりやすい」ことじゃないと思うな。（2011年5月31日）

妊娠中の方、
小さなお子さんをもつお母さんの
放射線への
ご心配にお答えします。
～水と空気と食べものの安心のために～
厚生労働省

また、母親たちは神経質すぎる、ヒステリーだと評する政治家や評論家も現れた。女を「無知」で「蒙昧」なものとみなし、ヒステリーで感情的だと見下すのは、古今東西南北を問わずに見られる現象である。「お母さんたちはすごい」と感心する態度も、裏返せば「難しいことはわからない／自分の周囲にしか目がいかない」というふうに母や女を認識しているからこその、驚きや発見ではないだろうか。

放射能の危険性を知らせようとがんばっている男性が「世のお母さんたちにもわかるように、やさしく解説しました」と書いているのを読んだときは、思わず脱力してしまった。悪気はないのだろうけれど……。

## なかったことにされる女たちの恐怖

一方で、女たちの恐怖はなかったことにされ、「狂気」として片付けられる。

デモで友人が受け取った「ストライキのためのノート　脱原子力家庭内ストライキ委員会」と題するチラシには、下記のような逸話（寓話?）が登場する。

福島第一原発一号機建屋が水素爆発した朝、幼い息子を連れて新幹線で西へ逃げた彼女は、家族の美名のもと、とうとう夫の手によって東京へ連れ戻された。夫は大手町のＩＴ関連企業で勤務している。誰も彼女の恐怖を正視しない。夫が、得体のしれない専門家が、テレビが、新聞が、みのもんたが、彼女に「安全です」と言う。彼女は悪夢の渦中にあるが、周りは以前と変わりない日常を過ごしているように見える。いや、違う、彼女を監視しているのだ。保育園の先生が、隣人が、友人が、姑が、妹が、コンビニの店員が、彼女の恐怖をなだめ、笑い飛ばし、眉をひそめる。（のちに、海外向けウェブメディア Japan Fissures in the Planetary Apparatus. 2011年4月27日で同じ文章を発見した）

このチラシのセンスは、そのときの私や友だちの感覚にピッタリとはまった。イタリアのアウトノミア運動における「家事労働に賃金を」という主張と重ねながらのストライキの呼びかけ、「魔女」という言葉が出ていることにも狂喜した。（「自分の中の恐怖を手放してはならない。真実を知るわたしたちは、『少々マッドな外観』を強いられるかもしれない（→魔女になること）」）。

「わたしは母親ではなくゾンビになりたい」という最後の言葉にため息をついた。

そんなふうに、さまざまな表現や行動を見聞きして、震災のときの不安や恐怖をしゃべり、どうやったら原発を止められるのか、福島はどうなるのか、なぜもっと本気で自分は原発に反対してこなかったのかを悔いながら、モンモンとしていた２０１１年春、私はこう書いた。

ママはニコニコしているのが一番大事。ママが不安になったり怒ったり、デモをする過激派になったりしたら、子どもがかわいそう、という意見が、原発に賛成の立場からも反対の立場からも聞こえてくる。

母親である人自身の「難しいことはわかりません。ただ子どもを守りたいだけなんです」という発言もよく聞く。ある種、枕詞のようになっているようだし、「ただの普通の母親なんです」と言い訳しないと、危険な「活動家」と思われて、マスコミも近所の人も耳を貸してくれないから言わざるをえない。昔からよく聞く、ＰＴＡの用事なら外出しても「主人」や義父母が嫌な顔をしないというのと似ているかも。

あるいは母親蔑視に対する皮肉として、「どうせ私は」と愚かで何も知らない母を演じている人もいるだろう。母の仮面をかぶりながら、中から母を解体していく戦術もアリだ。

一方、母と子という形でアピールするほうがマスコミや一般の人びとに受けいれられる、ビジュアル的にも母と子は「絵になる」という感覚で積極的に活用する立場もある。

みんなが、いろんな表現をすればいいと思う。（大橋由香子「難しいことはわからないけど、母は強い？――『産むのが怖い』この時代に」『インパクション』１８０号所収、インパクト出版会、２０１１年６月発行）

## フェミニズムは何を言った？　言えなかった？

このように「いろんな表現をすればいい」と書いたものの、「母」を全／前面に打ち出す場面に遭遇すると、タジタジというか、居心地が悪くなってしまうのは否定できない。

なぜ「母」に過剰に反応してしまうのか？

「LEっつGO脱原発」と「LEGO」をこじつけて被り物で集会にいくと、子どもたちが寄ってくる。2012年２月11日代々木公園　©小原佐和子

2011年９月11日福島原発事故から６カ月、大雨の中、パリの日本大使館前でフランスの人たちや在仏日本人が抗議行動　©大橋由香子

私のような「違和感」があてはまるのかどうかはわからないが、その後、「フェミニズムが脱原発運動の母性主義を批判した」という言説もでてきた。

たとえば松本麻里さんはこう書く。

> ここ半年というもの、フェミニズムや女性の運動の中から、反原発という声がなかなか聞こえてはこなかった。そのかわり、聞かれるのは「反原発運動の〝母性主義イデオロギー〟」を指摘する声。「子どもを守れ」というのは母性主義につながるのではないか、と。（松本麻里「水のおもさと、反原発」『現代思想』２０１１年10月号、青土社）

> 従来のアカデミズムに依拠した「フェミニズム」ではこの日常生活領域での実践を充分に捉えきれないのではないかな、と思います。……日本のフェミニズムは一般の女性たちが「母親」としての立場から、意見表明をしたり、政治に参加することに対して、非常に警戒心を抱くのです。（原発と再生産労働――フェミズムの課題、松本麻里インタビュー、２０１１年６月12日、ウェブメディアJapan Fissures in the Planetary Apparatus. ２０１１／11／28より）

フェミニズムは、的外れな批判をしているのではないか、むしろ再生産労働を担う女性たちの行動は、国家と原子力産業に抗する意味を帯びつつある、という松本麻里さんの指摘には共感する。

だが、私の見る限りでは、２０１１年はそれほど明確な批判がフェミニズムから表明されたとは思えない。１９８６年チェルノブイリ原発事故のあとの脱原発運動の盛り上がり（ニューウェイブ）における母性主義への批判を繰り返しただけのような気がする。(1)

（1）たとえば『「大震災」とわたし』（ひろしま女性学研究所、２０１２年１月発行）では、平井和子「フェミニズムの存在が問われている」が、〈五〇年代の女性たちが「母であること」を旗印にしたのに対し、八〇年代は第二派フェミニズムを経た女性たちが「女であること」にこだわり、そして今回は、世代・働き方によってさまざまに分断された女性たちが、とりあえず話しの通じる集団内でネットを通じてつながり、自分たちに出来ることを必死でやっているという構図のように見える〉とし、「内向き」の動きに留まっているとネガティブに読める評価をしたうえで、〈担い手となる層が多様化している時に、逆にフェミニズムが克服を試みた（はずの）母性に依拠する動きが時を超えて再生産されている現実に、フェミニズムはどのように向き合うのか〉と問う。また、同書のウルリケ・ヴェール「『脱原発』の多様性と政治性を可視化する」は、若い父親も多く参加しているのに、メディアがお母さんたちの脱原発運動ばかりに注目するのは、「脱原発運動を生活といのちを守るものとして、政治性を帯びないものとしてイメージさせる」と指摘している点が興味深い。

むしろ、3・11後の事態に関しては、フェミニズムが脱・反原発に対して（批判もふくめて）積極的なメッセージを打ち出せなかったことの問題を考える必要があるのではないかと思う。

男女共同参画社会のもとで、フェミニズムに関わる女性たちは、津波の被災地での避難所運営における男女平等、ジェンダーの視点を取り入れ、女性のニーズを発掘する、性暴力への警戒などに力を注いだように見える。もちろんそれは重要なことだ。

あるいは、性差別には敏感な人も、原発に関しては安全神話に浸っていたと言うべきだろうか。

1章にも登場している宇野朗子さんは2011年8月6日にこう語った。

ずっと長い間、原発問題に取り組み続けてきたフェミニストの人たちがたくさんいるのも感じているし、わかるんだけども、でもほとんどの人たちは、母の名においても女性の名においても、原発の問題に関してはすでにもう国にからめ取られていたのだと思います。それは、原発の問題に無知でいるように、真に必要な情報から自ら遠ざかるようにさせられてきたということだし、原発推進派と反原発派という二項対立図式を受け入れ、ほとんどの人がその外側に身を置いてきたということ。（座談会「脱原発と『母』『女』について考える」における宇野朗子発言、『インパクション』181号所収、インパクト出版会、2011年8月発行）

## なぜ母性主義にノーというのか

では、フェミニズム（フェミニスト）は、なぜ母性を警戒するのだろうか。

「母として」という言い方が母性主義に連なり、それがもつ歴史的な危うさについて、エコロジーとフェミニズムの共生を訴え、上野千鶴子さんと「エコ・フェミ論争」をしたとされる青木やよひさんの声を紹介しよう。

……母性というものが戦争協力の軍国主義に丸ごと取り込まれてきた歴史というのは、これは否定できないわけです。日本だけじゃない、ドイツだってそうでしょ。ナショナリスティックなアイデンティティを母なるものに求めている。それは抽象的なようだけど、ひとりひとりの女に還元すると、女は母でなければ値うちがないんだよということなのね。それをずっとやられてきた歴史というのがあるわけね。だから、母性＝ファシズムみたいな連鎖反応ができている。だから、産む性がどうのとか、母性を大事にするとかいうことが、それを聞いただけで女の中にアレルギーを起こしちゃうんです。自立をめざして教養を積み、近代的自我を身につけている人ほどその傾向が強い。（巻頭座談会の青木やよひ発言より『廃炉に向けて——女性にとって原発とは何か』綿貫礼子編、新評論、1987年）

この座談会は、チェルノブイリ事故後の1986年9月、今から25年前のものだが、母性への警戒感や違和感がフェミニズムから出てくる背景を理解するうえで、今でも大事な感覚だと思う。

女性を母として囲い込もうとする母性主義に対して、フェミニズムはノーをつきつけるのであって、子育ての現実から原発の矛盾や放射能の問題に気づき、「母として」脱原発の声をあげている個々の女性たち（の運動）を批判したり警戒したりしているのではない、と私は思う。

そもそも「フェミニズム／フェミニスト」とは何を／誰をさすのか。脱原発の動きをしている人と、理論をつむぐ人とは別の世界に住んでいるわけではないはずだ。

2012年6月2日には、日本女性学会2012年度大会シンポジウムが「再考・フェミニズムと『母』——異性愛主義と『女』の分断」をテーマに開かれた(2)。一方で、フェミニズムとは銘打たないが、「脱原発をめざす女たちの会」は2011年11月23日にキックオフ集会を、2012年4月7日、6月2日にもリレートークやシンポジウム形式の集会を開いている。

## 母に押し込められない・おさまりきらない

「アレルギーを起こしちゃう」と青木やよひさんが言った「母でなければ値打ちがない」という価値観は、残念ながら四半世紀たった今も、のさばっている。

「お母さんがんばって」という男たちからの応援エールや、

(2) パネリストとテーマは、加納実紀代（当時者性と一代主義）、松本麻里（脱・反原発とフェミニズムをめぐって—1986年↓2011年、回帰し、反復される問い）、水島希（放射性物質に対する「母親運動」を読み解く—首都圏における母親たちの動きと科学技術知の再編成）だった。

「母親たちの脱原発運動はチェルノブイリ以来の再来だ」（あるいは「愚痴にすぎない」）という物知り顔の分析も聞こえてきた。だが、そうした応援席・観察席にいる男性たちは、彼女たちが「母」を名乗りながらも「母」というカテゴリー（分類）に浸りきれない居心地の悪さを抱えていることに、どれだけ気づいているのだろうか。

子どものころから「将来はお母さんになるんだから」という眼差しを向けられ、ある年齢になると「結婚は?」、そして「お子さんは?」と有言無言の圧力がのしかかる世の中に、多くの女たちはゲンナリしている。

「女は母であれ」「母にならない女は一人前じゃない」と、真綿で首をしめられるような息苦しさのなかで、私たち女は生きている。それは、子どものいない女性はもちろん、子どもを産んだ女性にも「いいお母さんにならなきゃダメでしょ」という新たなプレッシャーになって現れる。

3・11のあとは「家族の絆」という美名のもと、その圧力はさらに強まっている。少しずつ声をあげて社会に広めてきた多様なセクシュアリティという考え方、LGBT（レズビアン、ゲイ、バイセクシュアル、トランスジェンダー）の存在も、震災直後の非常事態や復興に向けた「日本はひとつ」ムードとともに、「後回し」にされかねない状態だ。

放射能標識を顔にデザインしたTシャツを着た女性。パリにて　©大橋由香子

さらに、マスコミは、脱原発運動のなかで「ママたちがこんなに頑張っている」と報じるのと同時に、自分の子を虐待した母親をバッシングし、好奇と憎悪の目をむける。

虐待という言葉についていえば、福島に残り続ける親には、「避難させずに子どもに放射能を浴びさせるのは虐待だ」というような言い方がされ、自主避難した親に対しては「父親や祖父母、ふるさとの友だちから引き離すのは虐待と同じだ」のような非難が、ネット上で見られた。なにかをしても、しなくても、母親のせいにされるし、そのときに「虐待」という言葉が使われてしまう。

2012年6月頃から毎週金曜夕方の官邸前抗議行動が盛り上がり「紫陽花革命」という言葉が聞かれるなかでも、ママやパパ、子連れの参加を歓迎する論調とともに、「子連れでデモ参加に疑問」という声もあがってくる。マスコミ報道の背後には、それに同調する人びとの声もあるだろう。「望ましい母」を歓迎し褒めたたえる心情と、「逸脱した母」を嫌悪し攻撃する感情とは、対極にあるというよりは、表裏一体、ひとつながりなのである。

母性主義とは、さまざまな心情をもち、いろいろな行動をする女たちを、「母」の鋳型にはめこみ、「母らしさ」の物差しで計って賞賛／断罪すること。

しかし、自分の周囲を見ればわかるように、「母として」「女として」の中身はさまざまである。生身の女一人ひとりが異なっているように、多様であり豊穣さに満ちていて、一括りにはできない。

3・11の直後には、「母として」を強調して訴える姿に、「え?」と驚いた私も、言葉通りに受け取る必要はないのかも、と思うようになった。個々の女たちは「母」「ママ」という言葉を使ってはいても、それは厚生労働省のパンフや旧来型社会活動家が想定する「母」におさまりきれない。「母の仮面」などかぶらなくても、たまたま母で「も」あるという素の顔のままで、その人らしい怒り方、伝え方をしていく。それが、従来の〈母〉イメージを内側から壊していくような営みになるのだろう。(3)

## なぜ母／女が脱原発なのか?

男が市場で賃金労働をして、女は家庭で家事・育児・介助など無償労働をする性別役割分業は、1960年以降の高度経済成長で定着した。その後、男女とも賃金労働をす

(3) そのことを私が痛感した一つに、東京新橋にある東京電力本店前の一人だけの抗議行動を映した動画がある。きゃしゃな体の若い女性が、東電に出入りする人に向けて、口汚い言葉でののしり、叫んでいる。「てめえ、聞いてんのかよ」「ふざけんじゃねえよ」など、聞いていても辛くなる「男」のような「暴力的」な言葉をマスクを通して浴びせる。彼女は、両足を広げ、足をふんばり、応援団のように上半身を後ろにそらせて、罵倒を続ける。通りがかる人たちの好奇の目と黙殺にさらされながら。タクシーの運転手が車を止めて「がんばんなよ」と声をかける。昼休みの抗議行動が終わる時間に近づくと、彼女のもうひとつの声色、おそらく普段の声に戻る。そして「子どもたちを守ってください、おねがいします」と丁寧な口調になる。

る共働きが増え、女性が従事していたパート＝非正規雇用が男性にも広がったが、基本のところはあまり変わっていない。

共働きでも、無償労働は女性のほうが多く担っている（賃労働のあとのセカンドシフトと呼ばれる）。賃労働しながら家事・育児をする男性はイクメンと賞賛されるが、両方をやっている女性は「そこまでして働きたいの？　働かないといけないの?」と否定的な視線にあう。

買い物に行き、料理し、食器を洗うのも、洗濯機をまわして干すのも、子どもの幼稚園や保育園、学校の先生たちとやりとりするのも、圧倒的に女性だ。その現実を考えると、原発事故のあと、小さな子を育てている女性が（育てていない男女より）放射能の危険に敏感になることは容易に想像できる。もちろん、家事・育児をしていても危険性を感じない（ようにする）人もいるし、子どもがいなくても原発や放射能の危険性に敏感な人はいる。

夫（子の父）は稼ぐために福島に残り、妻（母）が子と避難する形が多い背景にも、性別役割分業がある。妻に無償の再生産労働が期待されるとき、夫はお金を稼ぐ労働を背負うことになる。

原発の中では女性も働いているとはいえ、被ばく線量の管理が必要な危険な原発労働は圧倒的に男性である。この現実も、役割分担の象徴的な姿だといえる。土木・技術系の職種がそもそも男の職場だからという理由もあるが、女性は妊娠・出産によって放射能の危険性をあらわにするという配慮が「母性保護」の立場からなされているのだろう。

私自身は、「母として」という言い方には違和感を抱くものの、脱原発社会を展望するうえで、「女であること」は何らかの／大きな意味をもつと感じている。

反原発運動に初めて関わった１９７０年代後半、私の感性にしっくりきた文章がある。

　女とは、男とは、ときめつけることを私は好まない。女とて、男とて、よりよく生きたいと希っているだろう。しかし、弱いもの、小さいものの生命を守るゆえの女の遅い歩みを、差別の対象にしてきた男たちへの不信がある。（略）
　男たちは、子育てというもっとも手のかかることを女たちに任せてきた。また後始末のような、やり映えのしないことをも女たちの仕事とした。やさしさを欠いた仕業を積み重ねながら、男たちは前へ前へと進めばよかったのである。原子力発電に伴う危険な廃棄物の完全な処理方法はないのに、男たちはそのことに対して切迫感がないのではなかろうか。後始末のことを真剣に考える性向を彼らは失ってしまっている。（中野耕「失った朝の光——原発社会のもたらす暮らしを問いなおす」『反原発事典Ⅱ［反］原子力文明篇』所収、現代書館、1979年）

中野耕というペンネームをもつ富山洋子さんは、1974年オイルショック後、原発の設備投資のための電気料金値上げ分の不払い運動を始めた。その時のことを、こう振り返る。

当時の弾圧というのは、電気代不払いをした人の夫の職場に働きかけるんです。東京電力というのは、多くの会社にとって有り難い顧客ですからね。……上司から「お前の女房に東京電力に楯突くようなことをやらすとは何事か」と恫喝されました。他の仲間のところも……「お前の娘は嫁にいけないぞ」と脅迫されたり。そういうなかで、男はビビるんですよ。でも女はビビらなかった。そういう経験から、男の発想とは違うものを女に感じていたかもしれませんが、当時はむしろ「主婦として」という言葉もありましたが、私は「消費者として」という意識が強かったと思います。1970年代は消費者運動が盛り上がった時代でもありました。（略）

同時に、母性の論理でからめとられたり、平等な地位、権利というあたりで、女性のほうが同化されてしまったというか、女性が進んで飛び込んでいった側面もあるのではないか。原発でも他のことでもね。（座談会「脱原発と『母』『女』について考える」における富山洋子発言、『インパクション』181号所収）

化学薬品や放射能などの危険なものから自分の生活を「守る」ために運動を始めたら、生活のあり方を問い直すことにつながり、生活を「変える」ようになる。チェルノブイリ後のドイツに住んでいた山本知佳子さんは、次のように書いている。

脱原発とは、いまの生活水準は守れるから、原発を止めようということではなく、いまの生活のあり方、価値観そのものを根本的に問い直し変えていくことに他ならない。

女たちが、男社会の産物である原発はいらないという時も、そうした発想の転換と結びついてこそ、原発社会、そして男社会そのものを変えていく力になると思う。自分のこどもにだけは〝安全な〟ものを食べさせて、つれあいの男を出世させ、〝豊かな〟生活を守るための脱原発というのだったら、いまの社会と何の変わりがあるというのだろう。（略）女たちが、母親という肩書きを持つことによってのみ、発言権を認められている不自然さに気づかねばならないと思う。与えられた役割を越えて、だれのためというのではなく、自分自身がイヤだからイヤなのだと思いきり自己主張すればよいのだ。（M・ガムバロフ／M・ミース他著、グルッペGAU訳『チェルノブイリは女たちを変えた』社会思想社、1989年）

## 分断や対立ではなく、出会いと共感

「母としての脱原発」に共感する人も多かっただろうが、自分は違うと感じる女性も少なくない。だが、違和感をもつ彼女たちは、母であることを契機に脱原発の声をあげている人を批判したり揶揄したりはしない。小さな子をもつ暮らしのしんどさは想像できるし、自分には子どもがいなくても、今の社会を構成している大人のひとりとして、未来の世代のために、一緒に「子どもを守れ」とシュプレヒコールをあげる。

むしろ自分たち（産まない・産めない女、シングルの女、レズビアンの女、賃労働に時間を使い無償労働＝再生産労働をあまりしていない女）が、「命を守るところ」から遠くにいると「母たち」から非難されるのではないか、という怖れを心の奥で感じているようにさえ見える。出生率は下がったとはいえ、一般社会ではやはり「母たち」は多数派なのだから。

と同時に、「母だから原発に反対する」とか「子どもを守れ」という主張にのれないと感じる母もいる。

そういう錯綜した思いと、異なる感覚を尊重する雰囲気に、デモや集会の場で具体的に遭遇する。例えばそのひとつが、2011年8月10日の「おしゃべり会　脱原発！どう考える？『母だから』『子どもに障害が…』」[4]だ。同じ脱原発でも自分と違うという感覚は大事にしながら、だけど相手を仮想敵にして否定的な言説を投げつけるのはやめようという暗黙の了解が感じられた。それは、たまたまかもしれないが、参加者が「女」だけだったことと関係している。「パワハラ・セクハラおやじ」に象徴されるものによって傷ついてきた「女」たちは、「おやじ的権力」とは異なる関係性を志向するようになる。それが「女たち！」という呼びかけになるのではないか。

２０１１年10月27日〜29日、経済産業省前のテントで、「原発いらない福島の女たち」による「１００人の座り込み」がなされた。呼びかけのチラシのひとつ「Welcome！Join us！」と書かれた小さな二つ折りチラシには次のような手書きの文字があった。

ようこそ、勇気ある女たち！　遠くから　近くから
自分の時間とエネルギーとお金を割いて　集まってくれた一人ひとりにありがとう！　女たちの限りなく深い愛　聡明な思考　非暴力の力強さが　新しい世界を創っていくよ！　三日間をともに座り、語り、歌いましょう！

それを引き継ぐ形で、今度は全国の女たちの座り込みが行われた。

地震から1年めの２０１２年3月10、11日には福島県郡山市で「原発いらない　地球（いのち）のつどい」が開かれ、さまざまなワークショップが開かれた。10日夜には「原発いらない福島の女たち」主催の「交流と文化のつどい」があり、大会議室は老若男女でぎっしり。頭を抱えたくなるような苦しい現実の報告やワークショップとはうって変わって、交流会では歌や踊りが続く。最後のカンショ踊りでは、ためらっていた人たちも立ち上がり、一緒に踊りの輪ができあがった。準備し運営している人たちの、暮らしの場での日々の働き、運動における非暴力直接運動など、さまざまな蓄積が感じられた場面だ。

（4）「おしゃべり会：脱原発！どう考える？『母だから』『子どもに障害が…』」、ＳＯＳＨＩＲＥＮ女（わたし）のからだから／アジア女性資料センター共催、文京区民センターにて。問題提起者は米津知子、大橋由香子のほか、１９８９年に子どもの立場から『超ウルトラ原発子ども』（ジャパンマシニスト社）を出した、伊藤書佳。報告は、「ＳＯＳＨＩＲＥＮ女（わたし）のからだから」２９８号掲載。ＳＯＳＨＩＲＥＮニュース女（わたし）のからだからホームページにも資料あり。

そして2012年の毎週金曜夜の官邸前抗議行動にも、何回となく福島の女たちが参加し、6月7日には、本書に原稿を寄せている多くの福島の女たちが東京に来てダイ・インを行った。

そもそも経済産業省前のテントは、「2011年9月11日午後、上関原発建設反対などの青年4人の経済産業省前10日間ハンガーストライキに連帯、9条改憲阻止のメンバー有志が……テントを設営」（〝テントひろば〟チラシより）した（『生命たちの悲鳴が聞こえる――福島の怒りと脱原発テント』エイエム企画発行、社会評論社、2012年に詳しい）。1周年の3・11の集いでも、福島の女たちは男性たちと協力していた。それでも、ダイ・インのとき「今回は女だけでやらせて」という声があがった。その声に、私は心から共感した。「女だけ」という言葉は、男性を排除した、閉じた物言いに聞こえるかもしれないが、むしろ多種多様で鋳型にはまりえないけれど、どこかでつながっている「女」たちの広がりを志向したものだ。

強いて言えば、中野耕さんのいう「手のかかること」を担ってきた女たちの共通の感覚である。あるいは、

家事・育児・介助を分担できる／させられる者として、

賃労働の場では「二流の労働者」とされる者として、

毎月の月経でナプキンやタンポンを消費し血がついてしまった下着を洗う者として、

孕んで産んで、おっぱいをあげる快感と大変さを、子どもの髪の毛の匂いを充分に味わえる者として、

セクハラや性暴力の被害に遭遇する者として……等々。

2012年３月10日交流と文化のつどい（郡山市）で歌をうたう福島のスタッフたち　©大橋由香子

生まれながらの違いか、文化的・社会的役割からくる違いか峻別などできない。女と男も二分化できるわけではなく、そこには「揺らぎ」「連続する濃淡＝グラデーション」がある。

だが、女ということで身につけた感覚はやはり存在し、

それが福島事故の後も原発を推進しようという力に対する拒否となって表現されたのだろう。

## 「母でない女」と「母である女」と……

もうひとつ、脱原発運動は、産んだ／産んでいない女たちの交流をもたらした。抗議行動で、デモで、座り込みで、そこに集まった女たちの中には、いろいろな人がいる。「ママである女たち」も「ママではない女たち」も、それぞれが分断されることは避けたいと思っている。

それはなぜか。もちろん脱原発という共通の願いがあり、その実現のためには対立などしている場合ではないという理由もあるが、もっと言えば、「母ではない女」と「母である女」とが出会ってしまったからではないかと私は思うようになった。

原発事故がなければ、一緒にしゃべったり活動したりすることのなかった両者が、同じ場を共有する。シングルの／子どものいない女性から見れば、子どものために活動している女性は、自分の親たちの保守的で自己犠牲的なPTA活動を彷彿とさせる。まさか社会を変える活動を「母たち」と一緒にするなど想像もしていなかったのだろう。

一方、子どもを産んだ女たちは、それまでの自分が、「母」になったとたんに無化されるような疎外感を味わっていた。近所や幼稚園・保育園、学校関係では、「母としての仮面」をかぶり、「＊＊ちゃんのママ」として過ごす。そこでは、社会や世の中のことを話題にするのはタブーである。１９７０年前後の叛乱の時代（団塊世代）のあと、政治や社会についてまじめな話をするのは、危険でダサくてかっこわるいこと。学校時代からそのような空気のなかで育ってきたのだ。それは子どものいない女性も同じこと。「母とはこういうもの」というイメージは虚構だらけ。「女の敵は女」と言われるが、出会ってしまえば両者の溝は思っていたほど深くはなかった。

## 「障害や病気のある子が……」という不安

３・11後、脱原発の動きが大きくなっていくなかで、母の強調とともに気がかりなのが、「放射能の影響で病気や障害があらわれる」という言説だった。

事故がなくても日常的に原発から出る放射能によって、動植物に遺伝的変異が起きることは、ムラサキツユクサなどを例に、かなり前から研究されていた。

アメリカ合州国のスリーマイル島やソ連のチェルノブイリ原発事故のあとは、近隣の植物や動物の「奇形」が写真とともに既に報じられていた。

福島原発事故のあと、放射能に害があることに驚いた人が、巨大なチューリップや頭が2つある牛などの写真とともに「放射能はこんなに怖い」と周囲にメッセージを発している姿を見ると、ちょっと待って、と言いたくなる。

２０１１年春から公開／再公開された映画などにも、そのような論調が目立った。デモの前に、「奇形の格好をしてデモでアピールする」とツイッターでつぶやく人も現れたが、障害者への差別になると諭す声もあり、その人はやめたようだ。

「こんなひどいことが起きる」という驚きや怒りも理解できる。「ただちに影響はない」「神経質すぎる」という冷淡な周囲に対して、わかりやすく訴えられる方法だとは思う。事実かもしれない。だが、「こんなひどい」とされる人はどう感じるだろうか。

先に書いた２０１１年8月10日の「おしゃべり会」は、母性に対するモンモンとした思いとともに、障害についても話し合いたいと考えて開催したものだ。(5)

1978年の反原子力週間のステッカー
10月26日「原子力の日」に対抗して1977年から反原子力週間という一連のアクションが行われた。

問題提起者のひとり、米津知子さんは、障害をもつ子を描くことで放射能の怖さを表現できるのは、障害に「不幸、恐怖、無力」といった負のイメージがあるから。しかも、障害者を排除する政策によって、イメージだけではなく実体になっている。いま必要なのは、障害があってもなくても、生まれた子が歓迎され、子が育つ上で格差が生じない社会的支援をつくること、それが障害の負のイメージを変えていくと語った。

「おしゃべり会」の参加者たちは、まず、それぞれが目にしている光景が違うことに驚いた。小学校の給食の食材に取り組む保護者グループでは障害の話は話題にならないという声もあれば、原発労働者への差別や奇形のことがネット上で話題になっているという声もあった。

母をめぐる議論でも書いたように、障害をめぐっても、おたがいに分断されないこと、排除や対立を避けることが大切、そのためにも感じていること、言いにくいことも出し合おうという認識が共有された。

最初は緊張感が漂っていたが、表情を見ながら、言いよどんだり、早口になったりの口調もふくめて、顔を合わせて言葉を交わすことの意味はやはり大きい。インターネットを通してのやりとりとは違う「交流」を感じた。

## 差別につながるという異議申し立て

障害や病気を放射能の怖さの象徴にすることへの異議申し立ては、反原発運動のなかで何回か繰り返されてきた。

私が最初に原発の反対運動に関わったのは1978年。広島市民が描いた原爆の絵を東京で展示したり、原爆と原発について考えたりする「反核舎」という小さな集まりで、「反原子力週間'78」実行委員会に参加した。そこで、広島・長崎の被爆二世の人たちと一緒に「原発と被爆二世問題を考える討論集会」を行った。ほとんど記憶の奥に沈み込んで詳細は忘れていたのだが、先日、偶然にも古い大学ノートが出てきて、会議の議事録やメモが記されていた。

(5) たとえば12枚の絵と字幕、ピアノの旋律から構成される「みえないばくだん」という動画がネット上で話題になりツイッターのつながりで有志が各国語に翻訳した。多くの賛同の声とともに、最後のシーンが「どうしてわたしは　みんなと　おてのかたちがちがうの」という女の子の泣き顔で終わることから、障害＝不幸という決めつけだとの批判の声もあった。8月10日の「おしゃべり会」でこの動画を見るにあたり、作者と話す機会を持ち意見交換をした。その後、この動画が絵本として出版されるにあたって、著者は「おてのかたち」を「病気」に変え、あとがきでこう書いている。〈今回の絵本はYou Tubeなどのネットで発表したものと少し結末の文章を変えてあります。ネット公開後、沢山のご意見をいただきました。その中には「差別を助長するものだ」「原発事故の被災者を傷つける内容だ」という批判もありました。……上手く表現できずに、何人もの方の心を傷つけてしまったことには本当に申し訳なく思っています。私が伝えたかったのは「原発は病気になるから反対」ということでは決してなく、根本的に「不自然」なものであり、自然の猛威には適わない、人の手には負えないものだということ。何億年も先まで危険なゴミを残してしまうものが本当に必要なのか？　そして、意見を述べれば、対立が生まれてしまったり、心を苦しめてしまうものであること（残念ながらこのお話も含めて）、ということを逃げずに隠さずにみんなで今考える時だと感じています。〉（『みえないばくだん』たかはしよしこ文、かとうはやと絵、小学館、2011年）。著者の言うように、これからも一緒に考え続けていきたいと思う。

被爆二世の人は「現に被爆者や二世への差別が結婚や就職などにおいて存在することを知ってほしい」「原発のない社会＝健常者だけの社会という発想になる危険はないのか」と訴えていた。放射能の恐ろしさを訴えるとき、差別を再生産し強化することにもつながる構造は、２０１２年の今と変わっていないことに呆然とする。

また、チェルノブイリ原発事故のあとの１９８８年、堤愛子さんはこう書いている。

**「お化け」であれ「巨大」であれ、タンポポの「奇形」を強調することによって放射能汚染の恐怖をあおり立てることに、私は言いようのない苛立ちとたまらなさを感じる。**（堤愛子「ミュータントからの手紙」『クリティーク』12号、１９８８年7月、青弓社）

１章の鈴木絹江さんや安積遊歩さんの文章にも、堤さんと通じる危機感が、福島原発事故を経験した後の切迫した形になって現れている。

## 優生保護法があり続けた日本だからこそ

障害や病気を忌避することは、どの社会にも存在するのかどうかわからないが、宗教や文化的背景、経済状況などが絡んでいることは想像できる。

困難がありつつも、近くにいる人たちが支え、社会的な支援体制をつくり、何とか一緒に生きていく方向もある。だが、障害や病気を「未然に防ぐ」という道へ誘う思考経路が、日本の場合は優生保護法という法律によって維持されてきた。

「不良な子孫の出生を防止する」ことを目的とした優生保護法は１９４８年にできたが、前身は戦争中の１９４０年

「生存のための反原子力週間」のデモ（1979年ごろか？）「死の灰」になってるのが著者

の国民優生法である。

100年以上も存在し続けている刑法堕胎罪によって、妊娠した女性が中絶した場合は処罰されると規定している。つまり、妊娠したら産むのが当たり前で、中絶は禁止。しかし、例外的に国家が許可する場合があり、それが優生保護法のもとでの「不良な子孫の出生を防止」と「母体の健康」の2つの場合なのである。

前者の目的が、法律の名前である優生保護法となり、妊娠しないようにする不妊手術のことも優生手術と呼んでいた。この法律目的は障害者差別だという障害者・女性グループの長年の働きかけの結果、優生部分だけが削除されて、1996年に母体保護法に変わった。つい15年前まで、「不良な」子孫は生まれてくるべきではないという考え方のもとに行政が機能し、人びとの意識に浸透していたのだ。

実際、優生保護法の別表に列挙された障害や病気の人は、本人の意志に反しても中絶や不妊手術が行われてきた。(6) そして、障害や病気の子が生まれるのは不幸だということが、社会の「空気」になり「常識」になった。

欧米とくらべた場合、障害者の人権や差別禁止が法的に規定されず、障害者が生きづらい社会であることも加わって「お腹の赤ちゃんに何かがあったらどうしよう」という不安が、2011年の福島原発事故の前から強く存在していたのではないだろうか。

## リプロダクティブ・フリーダム／ライツ

人口を増やしたいとき、減らしたいとき、特定の属性の人口を調整したいとき、国家は人口政策のターゲットとして、女性のからだをコントロールしてきた。それに対して、子どもを産むか・産まないかを国に強制・強要されるのはいやだ、個々人が選んで決めることだという考え方が、女性解放運動（フェミニズム）のなかで育まれてきた。リプロダクティブ・フリーダム／ライツ（性と生殖に関する自由／権利）と表現されている。

欧米諸国の多くは1970年以降だったのに対して、日本で合法的な中絶が可能になったのは1950年より前と早い。だがそれは、避妊の普及を待たずに中絶によって人口を減少させたのであって、「女性の権利」として中絶が

(6) 優生手術に対する謝罪を求める会編『優生保護法が犯した罪―子どもをもつことを奪われた人々の証言』現代書館、2003年、参照。

保障されたとは言い難い。しかも「生まれるべき命・生まれるべきではない命」を国家が判定する優生保護法という法律によって中絶が許可され、堕胎罪は存在し続けた。

とはいえ皮肉なことに、この優生保護法という悪法のおかげで、女性解放運動と障害者解放運動は、対立しつつも出会うことができた。「産む産まないは女が決める」と避妊や中絶を求める１９７０年代のウーマンリブや１９８２年の運動に対して、「胎児に障害があったら中絶するのか」と詰め寄る障害者解放運動。その突きつけにたじろぎながらも、障害者の現実に気づかされ、健常者としての自分の差別意識を問い直す。と同時に、「母よ殺すな！」という障害者解放運動（の男性）の主張に潜む母幻想やマッチョさに疑問を感じ、意見対立と相互理解を求める試みを繰り返してきた。

１９８２年、２度目の優生保護法改悪反対運動においても、環境保護運動の「合成洗剤を使うと、奇形の子が生まれる」という言い方に対して、障害者運動に関わる人たちから批判が出た。このときの議論は、１９８６年のチェルノブイリ後の議論へと繋がっている。

産むこと・産まないこと、障害や病気、そして中絶をめぐって、日本（の社会運動）は複雑で微妙な歴史を歩んできたと言えるだろう。

さらに、日本の医療において、妊娠中の女性（妊婦）への超音波診断の回数は海外と比べて非常に多い。ここ数年は、超音波も含む出生前診断の技術が進み、「胎児に障害・病気がある」ことを理由にした中絶が増えているという[7]。母体保護法には「胎児の障害」を理由にした許可条項は存在しないので、他の理由を拡大解釈していると思われる。（ちなみに中絶できるのは、①身体的又は経済的理由により母体の健康を著しく害するおそれがあるもの、②暴行もしくは脅迫によって妊娠したもの）

こうした歴史を踏まえながら、原発と放射能、妊娠について考えてみたい。

## 「子どもを生めないの？」という問いかけ

２０１１年5月23日の文部科学省交渉に来ていた福島の女性たちからも、夫婦で相談して、ふたりめはつくらないという声は聞いていた。やがて「将来結婚して子どもを生めますか」という子どもや若者たちの声が伝わってくるようになった。２０１２年1月、横浜で開かれた「脱原発世界会議」のある分科会では、プレゼンターの男の子がこう語ったという。「ぼくが大きくなって、もし結婚して子どもをつくったときに、そのできた子どもが変なふうになって生まれてきたら、すごい申しわけないなあと思って、そういうので心がいっぱいです。……結婚はあまりしたくないなあと今は思っています」

福島の原発に近い地域の成人式を扱ったテレビドキュメンタリーでは、若い女性が「異常な子どもを産んでやる」と発言し、福島の高校生が同級生の証言をもとに作った演劇では「障害のある赤ちゃんが生まれたら私のせいですか」というセリフが出てくる。

これらは、原発がもたらす悲しい現実として、あるいは原発を作り利用してきた大人たちの責任を問う問題提起として受け止められる。だが、大人たちは、うなだれているだけでいいのだろうか。

「脱原発世界会議」の男の子の発言を動画でみた女性は、ブログでこう書いている。

彼のことばは、会場にいた「大人」が声に出しては言わないけれど、心の底では思っているであろうこと、この社会が「変なふうに生まれてきた子ども」を人間と見なさない社会であることをはっきり表現しています。

障害をもって生まれてくる子どもや、奇形児を「生まれるべきでない存在」としてしまっている、深刻な差別表現に気づかない「大人」たち。

その上、子どもが「結婚」や「出産」をあきらめるということを悲劇にしてしまう「大人」たち。なんて情けないんだろう。(中略)

私たち大人が無意識のうちに子どもに強いている強迫観念を棄てるべきです。「(健康な)子どもをうむこと」が「よりよい未来」への唯一の道ではないはずです。(ブログ「積むログ」２０１２年1月20日「結婚しないことを決めた子どもと反省する大人たち」に言いたいこと)

福島の原発の問題であるとともに、その前からある「障害のある子が生まれたら母親のせい」「健康な子を生むのが普通で正しいこと」「障害は不幸」という「常識」が絶

(7)「出生前診断で異常発見し中絶、10年間に倍増」(『読売新聞』２０１１年7月22日)、「人工中絶20年で6倍―胎児検査向上で、障害度説明不足も」(『毎日新聞』２０１１年7月23日)など。

望的なまでに横たわっている。

広島や長崎の被爆者への差別と同じように、福島出身だと「お嫁にいけない」と心配する声もきかれるし、結婚相談所では住所が福島だと県外の女性から断わられるという。（『東京新聞』２０１２年7月27日「福島の男性　厳しい婚活―県外お見合いほぼ門前払い　影落とす原発事故」）

これから生殖年齢を迎える子ども・若者が不安になるのは当然かもしれない。だが、すでにおとなである人間は、その不安に「寄り添い」ながらも、ほかにするべきことがある。それは、結婚して出産すること、異性愛であることが正しい人生だという社会的圧力を変えること。そして、「そうではない別の生き方」への差別をなくすことだろう。

ここで難しいのは、たとえば福島（の警戒区域）から避難した人や被ばくにさらされる人（原発労働者も）を差別しないことと、放射能の危険性に敏感であることの関係だ。「差別はよくない」と言うために、放射能による健康被害や次世代への影響はないと主張する、ねじれた言説に遭遇する。福島の農産物や魚に対する「風評被害」に関しても、似たようなことが起きている。福島を差別しないで支援・応援することは、放射能の被害を少なく見積もることではないはずだ。

もちろん、福島から避難した小学生が「放射能がうつるから」と遊んでもらえなかったとか、福島ナンバーの車を駐車したら、周囲の車が移動して遠ざかったなど、心ないエピソードをきくと、「正しく怖がる」ことは大切だと痛感する。だが同時に「正しく怖がる」という言い方が、放射能の影響を過小評価させる働きをしている。

原発事故がある前から、指の数が「普通」と違う子、心臓に疾患のある子は生まれている。「五体満足」で生まれても、事故や病気で障害をもつようになることもある。

それでも、原発事故の放射能によって「不当に」健康被害を受けることは問題である。不当な健康被害を避けるための方法について、行政はもっと努力するべきだし、放射能を避けるための工夫も大事だ(8)。

と同時に、放射能のせいで、たとえ障害や病気が増えてしまっても、その人を差別しない世の中をつくっていくしかないのではないか(9)。

それは、原発事故の収束と廃炉、被災者への補償、生活支援とともに、国や地方自治体、東京電力が果たすべき責任でもある。そして、原発事故が起きる前から、障害者差別のない社会をめざしてきた運動とつながることだと思う。

**産まない選択？　産めない現実？**

チェルノブイリの原発事故のあと、ヨーロッパ各地で中絶手術が増えたという情報が流れてきたが、そもそも人工妊娠中絶は、宗教が禁じていたり、法律が規制していたりするため、どの国でもオープンに語りにくく、可視化されにくい。

この問題に関連して、水銀汚染における新潟水俣病のことが思い起こされる。胎児への影響を危惧して中絶が推奨された例があったからだ。熊本の水俣病で、水銀が胎盤を通過して胎児に影響するという胎児性水俣病が明らかになった[10]。その後、１９６５年に新潟水俣病が発見されると、新潟県は女性の毛髪・血液検査をして、高水銀の妊婦には中絶処置を指導。妊娠しないようにという規制や、１歳未満の子がいる高水銀の母親については、母乳をやめて粉ミルクに切り替えるように指導したという。

１９６０年代当時は、優生保護法の「不良な子孫の出生

（8）「子どもたちの健康と未来を守るプロジェクト」の活動をしている疋田香澄さんは8月10日のおしゃべり会感想でこう書いている。〈すでに産まれている・産まれてくる子どもを「人災により不当に健康被害をうけない」ために疎開支援すること。それは遺伝性・先天性・後天性に障がいをもつ人を否定することではなく、生存の権利を求めるという意味では当事者運動の理念と近いのではないかと私は思う。……子どもの生存に関して、行政が責任を取らず社会が関心を払わないという根本的な問題があり、今回保護者（とくに女性）が「子どもを守る」役割を無理やり担わされているのだなと思った。私は子どもを産むつもりがない。けれど、自分が産まない権利を守るためには、他人の産む権利、産まれた人の権利を同時に守らなきゃいけないのではないかと考えている。〉（「ＳＯＳＨＩＲＥＮニュース女（わたし）のからだから」２９８号より）

（9）チェルノブイリ事故のあと、クラウディア・フォン・ヴェールホーフはこう書いた。〈私たち母親はこれから先、自分に委ねられたこの生命が損なわれるのをただ手をこまねいて傍観し黙認していた、という苦い思いを胸に生きていかねばならないのである。これからは、痛めつけられてしまったこの生命が、ひ弱で、ひょっとすると病気がちで、はかないものに終わるかもしれぬことを心に留めておかなくてはならない。これからは、私たちの方がわが子よりも長生きするだろうと覚悟しておかねばならない。……そのかわり私たちは、障害をもっていること、制約を受けていること、やつれはてていること、血行障害に悩まされていること、人から手を貸してもらうこと、援助なしではいられないこと、他人に依存していることを、「自然」で「ノーマル」なことだと思えるようにしなくてはならないのだ。本当はそうではないことを、よく承知していても――。〉（前掲『チェルノブイリは女たちを変えた』より）

（10）原田正純・田尻雅美「小児性・胎児性水俣病に関する臨床疫学的研究―メチル水銀汚染が胎児および幼児に及ぼす影響に関する考察」『社会関係研究』第14巻、第1号、２００９年１月

防止」を現実化するために開発され始めた羊水チェック（胎児診断）技術を利用して、「不幸な子が生まれない運動」を積極的に行う自治体もあった時代である。「悲惨な」胎児性水俣病の発生を未然に予防するための出産制限は当然視されただろう。胎児性水俣病の症例が新潟では1例しかないことが行政指導の「成果」として評価されたかもしれない。

しかし、子どもを望んでいたカップルや、産みたかった女性から、子どもをもつ機会を奪ったという意味では、リプロダクティブ・フリーダム／ライツに反する行政指導だといえる。現に、妊娠規制に対して、7名が損害賠償請求を行ったという（新潟地方裁判所損害賠償請求併合事件、1971年9月29日、第一次民事判決）。

原告たちは、こう訴えている。「夫の両親からは水銀保有者だときらわれ、夫にまで子どもを生むなと強く反対された」「人が子を生み、子を育て、自らの子孫を維持していくことは、人間の最も根源的な営みである。水俣病は、この営みを破壊し、家庭生活の幸せを奪い去った[11]」。

長年水俣病に関わった医師・原田正純さんは言う。水俣では胎児性水俣病児を宝子だと言って、家族中でいたわり、育てている。新潟での妊娠規制は胎児性水俣病を不幸な出生だと決め付けて抹殺しているのではないか。「障害を持つということは悲劇、不幸とだけ捉えていたと反省させられた[12]」と。

「水俣病」が、「原発事故」になりつつあるかもしれない。

## フィンランドの女性たちの「出産ストライキ」

チェルノブイリ原発事故のあとも、胎児への放射能の影響をおそれて中絶の希望者が増えた、実際に中絶した人がたくさんいたという記述を複数の出版物やネットで見た。とはいえ、先にも書いたように中絶が非合法の国もあり、正確な統計をとっているのか、疑問ではある。ここでは、チェルノブイリ直後の1986年、ふたつの出来事について市川定夫さんの記憶を紹介したい。

ヨーロッパの多くの国で、いわゆる中絶が認められていない国は別として、認められている国では産婦人科に妊娠中の女性が殺到した。

東欧圏のユーゴスラビアあたりでは、妊娠の初期にある人は、もし可能であれば流産をしたほうがいいというふうなことをすすめる、というのを出したのはありますけれども、西ヨーロッパでそこまで言っている国はないようだけれど、……中絶の時期としてはギリギリの人が来るんだけれども、……とても全員の希望は受けられなかったということで、クジ引きをやった病院もあるということでした。そういう話を聞くと、この事故の衝撃というのはすごいということがわかる。それでフィンランドの女性たちが、四〇〇〇名が署名して、一九九〇年までに原発を止めないかぎり一九九〇年以降私たちは子供を産まないという署名をした。

ぼくはびっくりした。このニュースはヨーロッパにいる時、具体的に署名をやっていた人から第五回核軍縮会議（パリ）で聞いた時、ほんとにこれは女の人の感じ方というのが男とは比較にならない感じ方だと思ったんですね。男の運動からは絶対ああいうものは出てこないですよ!!（市川定夫へのインタビュー「微量放射線の遺伝的影響」より、前掲『廃炉に向けて』）

市川さんを驚かせた署名とは、事故から2カ月後の1986年6月11日、フィンランド女性4000人が、4基ある自国の原発を1990年までに「シャットダウン」させない限り、子どもを産まないと抗議したこと。当時日本でも、『朝日新聞』が外信部記事として報じた。

この「出産ストライキ」に関連して、近藤和子さんによると、日本でも次のような動きがあったそうだ。チェルノブイリのとき、中絶をどうしようという相談が寄せられた。その時、祝島の反対運動で先頭に立っていた山戸順子さんが、とにかく産もう、そして原発反対の意志を示そうと回答をした。私たちも中絶しなさいとは言えない、それは私たちみんなにとってどういうことなのかを考えようと訴えたという。

現在の日本において「産まない」という呼びかけが抗議行動として意味をもつのかどうか、わからない。そもそも、産むとか産まないという私的なことを、運動の戦術として呼びかけることへの「そぐわなさ」を感じる。その意味で、「産まない」も、「産もう」と呼びかけることも（その場で

(11) 浦﨑貞子「ジェンダーの視点からみる新潟水俣病―『妊娠規制』『授乳禁止』の検証と考察」『現代社会文化研究』No.34、2005年12月

(12) 原田正純『いのちの旅―「水俣学」への軌跡』東京新聞出版局 2002年より

共有されている雰囲気の中では意味をもつかもしれないが）、なにか違うような気がする。

　そして、改めて思う。事故の直後に、中絶を勧めた国があったり、中絶をしようと女性が病院に殺到したりという事実を思い浮かべるとき、（パートナーや家族が一緒だとしても）悩み苦しみ迷い、妊娠中の体で右往左往するのは、女なのだ。

　現に、福島県が実施した県民健康管理調査（事故当時に妊娠していたり、事故後に出産した妊産婦1万5954人を対象。2012年1月に発送し、3月末までに8886通＝回収率55・7％の回答）によると、「1カ月の間に気分が沈んだり憂鬱な気持ちになったりすることがあったか」などの質問への回答から、うつ傾向にあるなど支援が必要とみられる人は1298人（14・6％）いたという。[13]

　堕胎罪と優生保護法、母子保健法など日本の人口政策の歴史と現在を見ていくなかで、女のからだが人口の調整弁になり「ふるい」になっていると常々感じていた。

　それが今、原発の放射能によって、新たな苦悩をもたらしていることに、憤りと悲しみを感じる。避難するか留まるかと同じように、子どものいる人生を選ぶかどうかにも

2012年６月24日「そうだ、船橋に行こう。電車でGO！　野田退治デモ!!　再稼働はダメなノダ！」にて。「脱原発！　フェミ集合」の旗

「正解」はないし、選択は人の数だけ存在する。

「『へんな子』が生まれるから生むな」と周囲が言うのも、「障害があるとわかっても産みます」という決意表明を拍手で迎えるのも、おかしいことだ。迷った末の人の決断を「差別だ、優生思想だ」と個人を批判し糾弾するような運動は、もうやめにしよう。1970年前後の叛乱や差別反対運動に「成果」があったとしたら、自己批判や総括、糾弾という「手法」がはらむ問題点を明らかにしたことだと思う。

　最終的には自分で決めるとしても、ひとりぼっちではな

く、「まごまごして」迷い、周囲の人に相談したり助けてもらったりしながら選択する。(14) そのための情報、選ぶための手段が複数ほしいし、それが奪われることには抗議していきたい。「決めたのはあなたでしょ」と、社会的支援を打ち切るための自己責任論に陥らないようにすることも大切だ。

そうはいっても、あまたある情報のなかでも、自分が見たいものだけが目に入ってくるのかもしれない。聞かないことにしたほうが、自分の選択を肯定できることもある。しがらみ、なりゆき、あきらめの中で、かろうじて生きているような気もする。

言葉で書くことと、日々の暮らしとのズレを、理想と現実というのだろうか。

3・11以降ずっと、そして今回、本書に寄せてくれた福島の女たちの文章を読みながら、子どものころ夏休みや年末年始に過ごした母の実家、近所の風景が思い浮かんだ。囲炉裏や五右衛門風呂、田んぼや梨畑。子ども時代は平仮名で記憶していた地名……だて、わたり、りょうぜん、しのぶやま……に、このような形で再会するとは。福島に住み続けている親戚たちのことを思うと、無力感に襲われ、怠惰な自分が腹立たしくなり、情けなくなる。

それでも、ちょっとだけでもできることを、これからもしていこうと気を取り直す。

(13) 「毎日新聞」ネットニュース2012年6月18日23時30分配信より。アンケートの自由記述欄（複数回答）では▽検査や調査、線量計配布を望む＝36％▽子供への影響が心配＝25％▽母乳・ミルクへの不安＝17％など、原発事故への不安を訴える内容が多かったという。

(14) 〈リプロダクティブ・ライツのなかに「まごまごする権利」が必要だと思います〉という発言が「第9回女（わたし）のからだから合宿」の参加者からあった（パンフレット『女（わたし）のからだから合宿２００９』同実行委員会発行、２０１０）。「自己決定」もフェミニズムも、失敗したり迷ったりオロオロなどせず、休まず立派でバリバリ働ける「強者」のイメージになっているようだ。若者のフェミニズム嫌いの一因もそこに関係しているかもしれない。なぜだろう。１９８０年代も、国家や男性からの圧力に対して「産む・産まないは女が決める」とか「女（わたし）のからだは私のもの」と主張すると、他者との関係性や共同性を断ち切っているようだと批判されてきた。なぜそう主張せざるをえなかったかは、大橋由香子「産む産まないは女（わたし）が決める―優生保護法改悪阻止運動から見えてきたもの」を参照してほしい（『講座女性学3女は世界を変える』勁草書房、１９８６所収。一部が『新編日本のフェミニズム5母性』岩波書店、２００９に再録）。新自由主義によって自己決定＝自己責任論が振りまかれ、生きづらさの原因を社会の仕組みではなく、自分の至らなさに求める傾向が強まってきた現在、「決める」にいたる過程をどうするのか、探っていく必要性を痛感する。

# グリーナムの女たちから福島の女たちへ

近藤和子（批評家）

## 20万人のデモ

女たちが動いた。原発はごめんだ、原発はいらない、と。
そして人びとも動いた。

２０１１年3月11日、東日本大震災に続く、東京電力福島第一原発１・２・３・４号機の４つの原発が次々に爆発して制御不能になり、あわや日本中が放射能に汚染されるような大参事が起きてから、１年半がたとうとしている。

２０１１年9月１１日、今からほぼ1年前、福島原発事故緊急会議などの首都圏の原発事故に抗議する行動が行われた。当日、１３００人が、原発推進官庁・経済産業省を人間の鎖で囲んだ。行動後、「霞が関界隈をみんなで取り囲むことができたら……」と、私は当時では夢のようなことを口にした。

ところがなんと、1年もたたないうちに、首相官邸前の金曜日の抗議行動は人びとの間に広まった。６月29日には20万人を超える人びとが集まり、官邸前は解放広場となった。そののちも、大飯原発３・４号機の再稼働に反対する人びととの抗議は霞が関一帯に広がり、ある種のオキュパイ、占拠状態になった。そう、

日本でも、政治権力の中枢である、霞が関を人びとがオキュパイする状況が生まれた。まるで、エジプト・カイロの広場やウォール街のように。

　人びとが動き始め、世の中の反・脱原発の流れはとどまることを知らず、政治を揺さぶろうとしている。

　金曜日の官邸前行動を主催している、首都圏反原発連合のプレスリリースから、この間の参加人数を記してみよう。

２０１２年３月29日㈮　３００人
　※主催　首都圏反原発連合有志
４月６日㈮　１０００人
４月13日㈮　１０００人
４月20日㈮　１６００人
４月27日㈮　１２００人
５月12日㈯　７００人
５月18日㈮　１０００人
５月25日㈮　７００人
６月１日㈮　２７００人
６月８日㈮　４０００人
６月15日㈮　１万２０００人
６月22日㈮　４万５０００人
６月29日㈮　20万人
７月６日㈮　15万人
７月13日㈮　15万人
７月20日㈮　９万人
７月27日㈮　２８００人
　※主催　再稼働反対！全国アクション、
　国際環境ＮＧＯ　ＦｏＥ　Ｊａｐａｎ
８月３日㈮　８万人
８月10日㈮　９万人
８月17日㈮　６万人
８月24日㈮　４万人
８月31日㈮　４万人

　今年３月末から８月末までに参加した人数はのべ、97万４０００人、つまり、ほぼ１００万近い人が、首相官邸前の大飯原発再稼働に反対して集まったということになる。その圧倒的な数に押されるようにして、野田首相は８月22日に主催者代表10人と会った。

　その数字には、もちろん、何回も参加した人もいるが、主催者側は総選挙までは続けるといっているので、のべ人数は百万をゆうに超える大衆行動になるのは確実だ。

その数が20万人になった6月29日の行動は、大飯原発再稼働を直前に控えた抗議であったということは強調したい。多くの人びとは、福島原発事故がまだ収束していないのに、事故を検証する政府や国会の事故調査委員会の報告書も出ていない段階で、夏の電力不足を理由に再稼働を強行する政府と電力会社の姿勢に怒ったのだ。さらに、再稼働の動きに抗議する行動は、全国に広がっていることも注目すべきだ。

「放送を語るモニターグループ」の２０１２年8月31日の「テレビは反原発官邸前抗議行動をどう伝えてきたか」によれば、当初マスメディア、とくにテレビメディアは事実上黙殺に近い態度であった。報道内容も、テレビ局のスタンス、姿勢を象徴的に示していた。

## 福島の女たちの行動

ひょっとしたら、１９６０年の日米安保条約反対運動をも上回る大規模な社会運動となった反・脱原発運動をどのように考えるのか。すでに多くの論者がさまざまに論評している。

たとえば、金曜行動の代表とともに野田首相と面会した、慶応大学教授・小熊英二さんは、今回の官邸前行動の背景を、エジプトの学生たちを中心とした「アラブの春」や米ウォール街の占拠運動との類似点を挙げて分析している。高学歴なのに正規の職につけない若者共通の怒りがある、と（『朝日新聞』２０１２・7・19）。

なお、小熊さんはこの7月に『社会を変えるには』（講談社現代新書）を出している。同書の中でも、今回の官邸前行動もふくめた日本の原発反対運動のレビューがされており、参考になる。

五野井郁夫さんは『「デモ」とはなにか　変貌する直接民主主義』（ＮＨＫ出版、２０１２年）で、３・11以降の日本の運動やアメリカのオキュパイ運動の現場から運動のありようを報告している。

「新しいデモ」について、作家の高橋源一郎さんは『朝日新聞』（２０１２・８・30）で紹介している。

ところで、論評はすべて男性によるものであることに違和感がある。行動の多くは女なのに、彼女たちのことについて一言も触れていないのも、変。

ここで考えてみよう。

官邸前行動を含めて、3・11以降の様々な集会・デモなどの行動の参加者の多くは女たちである。しかし、論壇誌などおもな雑誌や著作の書き手はほとんどが男である。それは見事なほどである。

なぜなのか。ものを書いたり、発言したりするのは男の特権なのだろうか。もちろん、そうではないだろう。雑誌によっては、女たち、とりわけ、原発事故で放射能から逃れるようにして、逃げ惑い、新たな土地に子どもたちとともに移り住んだ福島の女たちの声を拾っているものもある。雑誌『インパクション』、『世界』、『週刊金曜日』など。雑誌メディアの編集者のジェンダーに対する感度の問題か、あるいは女性編集者の視点が影響しているのだろう。

ここで、注目したいのは、先に紹介した放送を語るモニターグループの報告である。当初はほとんど、官邸前行動を無視してきたテレビメディアだが、1万人を超え、20万人近くに参加者が増えるとさすがに無視できず、抗議行動の模様を映し出す。そこで特徴的なのは、女たち、福島の女たちや子連れの女たちなどを、映像として映し出していることである。女たちのほうが、とくに若い女たちのほうが「絵」になるからなのだろうか。テレビの画面には圧倒的に女性たちの姿が出ているのだ。テレビの女性像の描き方にもまた、それなりの問題もあるだろうが。活字メディアと対照的なことを指摘しておきたい。

本書で、福島の女たちの声を収めようとしたのも、現場のとくに女たちの声を記録に残そうという趣旨からである。福島の女たちは、率先して、政府や東京電力に対して抗議行動を行い、全国各地の原発に反対する運動に出かけて行って、福島の現状を伝えている。また、全国各地に避難した女たちは、その地の原発反対運動に加わって、原発再稼働の動きにストップをかけている。官邸前行動が全国に拡散したのも、福島から避難した女たちの力があるのだろう。

## ジェンダー・ギャップ指数

私が、このような女たちの運動、原発=核に反対する運動にコミットするようになってから、ほぼ30年になる。原発問題には1970年代半ばからかかわりを持っている。原子力船むつの放射線漏れが起きたころからだ。

運動に参加するようになると、どうにもフラストレーシヨンが高まってしようがない。男性中心の運動であり、女たちはせいぜいが裏方という扱い。まともに対等な仲間として扱われたことはほとんどない。このような、運動の中における、性別役割分業、男は表、女は裏の仕事という構図は、今もあまり変わらない、と私には思える。いわく、集会では受け付け、さらにカネ勘定、会場の設営や後片付けなどなど。だから、女性差別体質が強い全共闘や左翼の運動に女たちは参加しなくなった。体よく利用されるだけだからだ。

世界的には、女性運動が盛んになって、1975年の国連女性年を記念するメキシコから始まって、1985年のナイロビ会議、さらには1995年の北京会議などが開かれ、女性の地位向上が図られたにもかかわらず、である。男女雇用機会均等法、男女共同参画社会基本法ができたにもかかわらず、である。

男女格差を測る、ジェンダー・ギャップ指数（GGI）で、2011年日本は135カ国中98位である。これは世界経済フォーラムが調べたもので、「経済参加」「教育」「健康・寿命」「政治的エンパワメント」の4分野からなる。労働力率、賃金格差、管理職の女性割合などから出される「経済参加」では、100位、国会議員や閣僚に占める割合などの「政治的エンパワメント」では101位。

このような男女格差のデータを見ると、日本はまだまだ男社会である。活字メディアも同じように、圧倒的に男性社会である。そして運動の世界もやはり、男が主導する社会である。

だから、女たちは男中心の運動からはなれて、自分たちで仲間を作り行動を起こす。

中山千夏さんが言っていた。原発事故が進行中の時期、テレビ画面に出てくるのは、男ばかり、そして、原発反対運動も表に出てくるのは男ばかり。原発の推進派も反対派も男ばかりで、女の視点はありゃしない。全くその通りだと女たちは共感した。

## グリーナムの女たち

原発に反対する運動の中で、女性差別にうんざりしながらも原発や核の問題は、女にとっても重要な問題である、といろいろ悩んでいた頃、ヨーロッパの反核運動の盛りあがりが日本にも伝わるようになって来た。

1980年代の欧州の社会運動は、反核・反原発運動、女性運動、エコロジー運動、そして草の根の民主的な運動であり、それは非暴力直接行動であった。

反核運動は女性たちを中心に盛りあがった。旧西ドイツの「緑の党」が登場してきたのもこのころである。

そんなイギリスのグリーナムの女たちのアクションが伝えられた。男たちと一緒にやる必要はないのだ、と新しい道が開けたような気がした。本当に救われた。女だけでも核・原発と闘える。女たちと一緒にやろうと決心した。

日本でも「全共闘運動」の女性差別に抗議して生まれたウーマン・リブが起きた。国連女性年の始まりとともに、制度化されながら女性運動、フェミニズムが盛んになり、「女の時代」ともてはやされた時期でもあった。女たちの平和運動も盛んになっていた。

ここでグリーナムの女たちの闘いを簡単に紹介しよう。米ソ冷戦の最中、西側の軍事機構であるＮＡＴＯ（北大西洋条約機構）が、旧ソ連の中距離核ミサイルの欧州配備に対抗して、ヨーロッパに巡航ミサイルと中距離ミサイルパーシングⅡの配備を決定した。１９７９年12月11日のこと。この核ミサイルの脅威についてはほとんど知られることはなかった。

1982年12月11日、３万人の女たちによる人間の鎖でグリーナムコモン米軍基地を包囲。

イギリスではグリーナムコモン米軍基地に96基も配備されることになった。イギリスの女性たちは、ヒロシマ・ナガサキの原爆など比較にならないほどの厄災をもたらすことを知った。

１９８1年、カーディフという港町からグリーナムコモン米軍基地まで、「地球の命のための女たち」と名乗って、徒歩で二〇〇キロの平和行進をした。基地司令官に、ミサイル配備の撤回を求めたが、聞き入れられなかった。鎖で基地ゲートに体を縛り付けて抗議をした。ミサイルの配備を阻止するために、基地の正面にキャンプを張る。これがグリーナムの女たちの闘いの始まりだった。一九八一年九月のこと。

### 3万人の女たちの基地包囲

彼女たちの名を一気に有名にしたのは、１９８２年12月11日のＮＡＴＯ決定に反対する3万人もの女たちの基地包囲だった。彼女たちの非暴力直接行動の数々やキャンプの日常生活は、映画「グリーナムの女たち」（原題 Carry Greenham Home）に記録されている。この映画はヨーロッパの映画祭で賞をもらうなど、評価の高いドキュメンタリー・フィルムで、彼女たちの非暴力直接行動（Nonviolent Direct Action NVDA）をフィルムで見せている。グリーナムの女たちは、映画をビデオにして世界中を旅して、反核平和を求める女たちの輪、ネットワークを作っていった。アメリカ、ヨーロッパ、東ヨーロッパ、旧ソ連、ニュージーランドなど南太平洋など各地に出かけていった。１９８4年、日本にもヒロさんがビデオを携えてやってきた。彼女はグリーナムの女たちの中で唯一の日本人だった。

ヒロさんはビデオを上映しながら、女たちに平和のための反核行動を呼びかけた。日本での彼女の旅は、「広島デルタ女の会」や彼女たちの闘いの本を翻訳した私たち（翻訳『グリーナムの女たち』八月書館）を中心に企画し、7月から8月まで、ほぼ1カ月に及んだ。

ざっとその旅程を記す。

7月20日、「核と戦争のない社会を！　ちば行動」

22日、「グリーナムのヒロさんと語るつどい」（東京）

23日、「グループ　女たちはいま　ヨコスカ」（神奈川県横須賀市）

24日、「ヒロさんと沖縄研究会の交流会」（東京）
25日、「戦争への道を許さない女たちの会・埼玉」（埼玉県浦和）
26日、「戦争への道を許さない下町の女たちの会」（東京）
27日、「グリーナムのヒロさんを囲んで」（生活クラブ生協練馬センター組合員・有志）
27日、「核と戦争をなくせ世田谷区民連絡会と戦争への道を許さない女たちの世田谷の会」（東京都世田谷）
28日、「トマホークの配備を許すな！　呉市民の会」（広島・呉）
29日、「広島　デルタ・女の会」（広島）
8月1日、「大分・赤とんぼの会」（大分）
2日、「なかつ赤とんぼ」（大分・中津）
3日、「原発のない世界をつくる女の会」（福岡）
4日、「島原平和を考える会」（島原）
7日、「京都反原発めだかの学校」（京都）
8日、「ｏｋａｉｒｅｎ　おんな解放連絡会・京都」（京都）

報告集「グリーナム・ピースキャンプのヒロさんと語る　草の根の平和の声をつなぐネットワーク」（1984年）

9日、「女のひろば」(大阪)
11日、「美唄消費者協会」(北海道・美唄)
12日、「グリーナムのヒロさんと語り合う札幌のつどい」(北海道・札幌)
13日、青森県三沢基地と計画中の六ヶ所核燃料サイクル基地を巡り、むつ市で交流
15日、「日本はこれでいいのか市民連合。8・15集会」(東京)
16日、「草の根の平和の声をつなぐつどい」(東京)。

さらに、ヒロさんは、9月20日から30日までNATOの大規模軍事演習に反対する世界の女たち1千万人の行動への参加を呼びかけた(報告集「グリーナム・ピースキャンプのヒロさんと語る　草の根の平和の声をつなぐネットワーク」から)。

### グリーナムコモン米軍基地撤収へ

なお、グリーナムの女たちの闘いは、1981年から19年間続き、2000年に終わった。この間、1984年から順次核巡航ミサイルが配備され、それを撤廃するアクションが日常的に続けられていた。1987年、当時の米レーガン大統領と旧ソ連のゴルバチョフ書記長の会談で、双方の欧州配備中距離核ミサイルの撤廃が合意された。

グリーナムの女たちの輝ける勝利であった。ゴルバチョフ書記長は、国連で、彼女たちの闘いに触れて、ミサイル撤廃に傾いたとの趣旨の演説としている。そして、グリーナムコモン米軍基地そのものも撤去されることとなった。世界の米軍基地縮小の一環ということだが、これで、第2次大戦中に共有地コモンを収用された住民に、約束どおり返還された。現在、跡地は記念公園になっている。

グリーナムの女たちは、連日のアクションによって、米ソ冷戦を終結させた。欧州から核ミサイルを撤去させたのだ。

彼女たちの闘いは、フェミニズムと反核平和運動が合流したものだった。核という暴力に反対し、核を生み出した男社会に抵抗し、女だけの闘いを行った。その意義は計り知れない。

## チェルノブイリは女たちを変えた

1985年、ヒロさんとの出会いから1年後、「広島デルタ女の会」などの呼びかけで、草の根の平和運動をしている女たちで集まろう、と「女たちが創る8・6広島のつどい」が開かれた。おそらく、組織に頼らない、女たちの反核・反原発の集まりは初めてのことだろう。集まりは大成功。そこに参加していた祝島の山戸順子さん（故人）の提案で、対岸4キロに中国電力上関原発に島ぐるみの反対運動をしている島を訪れようということになった。

1986年4月26日、旧ソ連のチェルノブイリ原発で爆発事故が起きた。一説には広島型原爆に換算して500発以上の放射能がばらまかれた。その放射能は北半球に流れ、ヨーロッパをパニックに陥れた。そして、旧西ドイツでは、女たちが立ちあがった。すでに、反原発・エコロジー・フェミニズム政党の「緑の党」や女性グループが立ちあがり、原発反対の運動と放射能の被害から子どもたちを守る様々な活動を始めた。この間の旧西ドイツの事情は翻訳書『チェルノブイリは女たちを変えた』（社会思想社、1989年）に詳しい。

そして、チェルノブイリ原発から9000キロ離れた日本にも事故で放出された放射性物質が届いた。

5月5日のことだ。私たちは、当時の中曽根政権の軍拡路線に危機を抱き、『朝日新聞』の投稿欄のグループ「草の実会」など平和運動をしている女性たちが中心となったグループ「新しい明朝《あした》をつくるおんなの会」は絵はがきで軍拡ノー！という投票行動を呼びかけようと、埼玉県東松山市の「丸木美術館」近くで合宿をしていた。5月5日こどもの日を、美術館では「太陽の日」と称してエコロジーの催しを行い、無料開放をした。丸木夫妻は当時ご存命であった。そこに雨が降ってきた。チェルノブイリからの放射能も混じっている、と報道され、参加者は一様に深刻に受けとめた。

史上最大の原発事故が起きてしまった。なにかしなければ、と女たちは話し合った。そこに、環境問題研究家の綿貫礼子さんが訪れた。

綿貫さんは、朝日新聞記者の松井やよりさんや平和運動家の浮田久子さんらに呼びかけて、チェルノブイリ事故に抗議して、原発も核もいらないという女たちの意見広告を出そうと提案され、先の「新しい明朝《あした》をつくるおんなの会」や草の根の女性たちを中心に「原発と核をなくす女たちの会」が同年6月に作られた。そして私に事務局を託されたのであった。それからわずか2カ月間に、6000人以上の女たちがカンパを寄せた。1986年8月6日広島原爆の日に『朝日新聞』に、同年8月15日敗戦の日に『毎日新聞』に、原発も核もいらないという意見広告を出した。そこに添えられた絵は丸木俊さんの平和を願う絵であった。さらに、同年10月26日、日本に初めて原子力の火がともった日を記念した「原子力の日」には当時のリベラルな週刊誌『朝日ジャーナル』にカンパを寄せてくれた女たちの氏名を添えた意見広告も出すことができた。ベトナム戦争反対など、これまでさまざまな意見広告が出されてきたが、組織には頼らない、草の根の女たちが6000人以上もカンパを寄せてくれた意見広告運動は空前絶後のことだった。

彼女たちは文字通り、一軒一軒訪ねて、原発の恐ろしさを話し、カンパを集めた。ひとりで100人以上の女たちからカンパを集めた人もいた。このような原発の恐ろしさを身をもって知った女たちの声を反映したのか、原発史上初めて、原発に関する世論調査で、反対が賛成を上回った。『朝日新聞』(1986年8月29日紙上)では、男女をふくめた原発反対が41%に対して、女性だけをみると、反対は48%、賛成23%の倍以上になり、男の反対34%を大きく上回った。これ以降、原発に関する世論調査では、反対の世論のほうが多い。

私たち「原発と核をなくす女たちの会」のメンバーは、この原発反対が多数を占めた世論調査の結果を知ったとき、手を取り合って喜んだものだった。私たちの活動がその一助になったのだ、と。

じっさい、事務局を担っていた時、連日郵便局から、現金書留の封筒がどさっと我が家に届いた。なかには名前もなく、ただ14万円ものお札が入っていたこともある。また、ダンボール一杯の現金書留封筒が届けられたことがある。郵便局の人とはすっかり顔なじみになってしまった。連日届く現金書留封筒の山に、女たちの思いがひしひしと感じ取れた。なにかが動いている。世の中が変わりつつあると思ったものだ(詳しくは、近藤和子・鈴木裕子編『おんな・核・エコロジー』オリジナル出版センター)。

そう、人びと、とくに女たちが動けば、世の中は変わる。これが私の実感。

たとえば、五野井郁夫さんが指摘しているように、1918(大正7)年、新潟県魚津町の女性労働者10数名が、高騰する米価格に抗議したことに端を発した「米騒動」は日本の社会運動に大きな影響を与えた。その背景には１９１７年のロシア革命など世界的な革命的動きがあったのだが。

また、丸浜江里子さんの『原水禁運動の誕生――東京・杉並の住民パワーと水脈』（凱風社）で詳述されているように、いわゆる原水爆禁止の住民運動が、東京・杉並の女性たちにより始められたことも強調しておきたい。その他、歴史をひもとけば、社会を動かした女性たちの行動は数知れないだろう。

このような原発に反対する女たちの世論を背景に、87年、88年、空前の盛り上がりを見せた、反・脱原発運動が起こったのであった。このころ、運動の「ニューウェーブ」ということが盛んに言われ、以前からの組織された運動の「オールドウェーブ」と対峙する形で取り上げられた（「クリティーク12」青弓社、１９８８年）。しかし、大分県の小原良子さんの呼びかけに応じて、四国電力伊方原発の出力調整実験反対にかけつけたのは、チェルノブイリ原発事故に恐怖し、立ちあがった、多くの女たちであった。これまで反原発運動に関わったことのない「新しい人びとの流れ」ではあるが、必ずしも組織化された人びと、女たちではなかった。女たちを中心とした運動にはその対立はかかわりのないことであった。「新旧」の運動の対立という構図がいつの間にかつくられて、運動はいつの間にか、下火になってしまった。今回は、そのような無用の対立は避けたい。

## グリーナムの女たちから福島の女たちへ

グリーナムの女ヒロさんを通じた草の根の女たちの集いは87年にも開かれ「８・９ヒロシマ女たちの集い」となった。このときも、山戸順子さんの呼びかけで、１００人近い女たちが瀬戸内海に浮かぶ小島祝島に行き、女たちの島内一周の上関原発反対デモにも参加した。１００人近い女たちが島に押しかけたので、大変な反響を呼んだものだ。今からもう25年も前のこと。今でも、島のシニアの女たちは毎週１回の原発建設反対のデモを粘り強く行っている。

１９９０年12月15・16日、青森県六ヶ所村で、再処理工場、濃縮ウラン工場や核廃棄物貯蔵施設など核燃料施設、いわゆる「核燃」に反対する初めての女たちの集い「核燃とめたい女たちの集い」が開かれた。六ヶ所村にこだわっている写真家島田恵さんの呼びかけにこたえて、全国から様々な女たちが参加した。そこに、福島の武藤類子さんも参加していたそうだ。

武藤さんは言う。「どんなにグリーナムの女たちに勇気づけられたことか」、と。本書で記したように、グリーナムの女たちの非暴力直接行動は、福島の女たちのアクションにつながっている。原発や核をなくそうとする女たちの闘いは、原発を是とする男社会に向けられたものでもある。

グリーナムの女たちのピースキャンプや「人間の鎖」は「3・11」以降、日本の運動にもとり入れられた。経済省前テントひろばや人間の鎖行動ｅｔｃ。

福島の女たちのアクションは、原発事故が終わらない限り、続くし、さらに、原発がなくなる日まで続くだろう。私も福島の女たちとともに原発がなくなる日までともにアクションをしようと思う。

# あとがき

東京電力福島原発事故から1年半がたちました。子どもたちや大人たちを含めて、多くの健康被害が報告されているのに、どれほどの放射能が原発の連続爆発で放出されたのか、誰もわかりません。記録がないからです。地震と津波による全電源喪失のため、放出された放射線の量やレベルを計測することは不能でした。

1号機が爆発した翌日、たまたま通りかかった隅田川の堤に、私は腰掛けていました。もう、福島の放射能は届いているころか、とじっと空を見ていました。

いったい、これはほんとう？　事故のショックからなかなか立ち直れませんでした。少しずつ活動を始めたときに、福島の女たちのアクションを知ったのでした。彼女たちは事故以来、抗議行動の先頭に立って動いていました。そんな彼女たちの怒り、叫びをまともに扱った記録はなかなか見つかりません。事故以来あれほどの原発関連本は出ているのに。

事故の被害者、当事者である福島の女たちの声を記録し、届けようとしたのが本書です。

女たちの反・脱原発運動の歴史は長いものです。日本の原発反対運動は、建設計画とともに始まっています。原発計画のあるところ、住民の反対運動は起こっています。注目したいのは、反対運動の中でも、女たちのがんばりがすばらしいことです。あまり、言われていませんが。

それでも、女たちの運動が顕在化したのは80年代後半、とくに、チェルノブイリ以降でしょう。本書でも報告したように、グリーナムのおんな・ヒロさんとの交流で生まれた草の根の女たちのネットワークは、その後祝島・六ヶ所や各地の女たちとつながり、チェルノブイリでは、女たちの意見広告運動で、原発反対の世論に貢献することができました。その後も、六ヶ所の核燃料施設反対運動にもつながっていきました。

私たちは放射能におびえながらも、生きなければなりません。原発はいらない、と声をあげ、原発をとめなければなりません。福島の女たちとともに、多くの女たちと志をともにできれば、と思い、本を作りました。この本の思いが、多くの女たちや男たちにも届けば幸いです。

そしてこれからも、福島で暮らしている人たちの現実を追いつづけていきたいと思います。

最後に、貴重な声を届けてくれた福島の女たち、多くの女たちに感謝します。ありがとう。

近藤和子

2012年9月

近藤和子　こんどう　かずこ
1944年生まれ。東京在住。名古屋大学大学院文学研究科修了。核・原発・女性問題を中心に批評活動。訳書『グリーナムの女たち』（八月書舘）、『インサイド・ザ・リーグ』（社会思想社）、『兵器ディーラー』（朝日新聞社）。編著『おんな・天皇制・戦争』・『おんな・核・エコロジー』（オリジン出版センター）ほか。

大橋由香子　おおはし　ゆかこ
1959年生まれ。上智大学文学部社会学科卒業。フリーライター・編集者。著書『ニンプ・サンプ・ハハハの日々』（社会評論社）、『からだの気持ちをきいてみよう』（ユック舎）、『生命科学者・中村桂子』（理論社）ほか。共編著『働く／働かない／フェミニズム』（青弓社）、『記憶のキャッチボール』（インパクト出版会）。

大越京子　おおこし　きょうこ
福島県出身。イラストレーター。介護福祉士。デイサービスに勤務。共著（マンガ担当）に『すみません。介護の仕事、楽しいです。』（第三書館）、『母から娘へージェンダーの話をしよう』（梨の木舎）がある。

福島原発事故と女たち——出会いをつなぐ

２０１２年10月26日　初版発行

編　者……………近藤和子・大橋由香子
イラスト…………大越京子
カバーデザイン……宮部浩司
発行者……………羽田ゆみ子
発行所……………梨の木舎
〒１０１-００５１　東京都千代田区神田神保町１-42
ＴＥＬ　０３（３２９１）８２２９
ＦＡＸ　０３（３２９１）８０９０
eメール　nashinoki-sha@jca.apc.org
http://www.jca.apc.org/nashinoki-sha/
ＤＴＰ……………石山和雄
印刷所……………株式会社　厚徳社

## 傷ついたあなたへ
### わたしがわたしを大切にするということ

NPO法人・レジリエンス著
A5判/104頁/定価1500円＋税

◆ＤＶは、パートナーからの「力」と「支配」です。誰にも話せずひとりで苦しみ、無気力になっている人が、ＤＶやトラウマとむきあい、のりこえていくには困難が伴います。
◆本書は、「わたし」に起きたことに向きあい、「わたし」を大切にして生きていくためのサポートをするものです。２刷

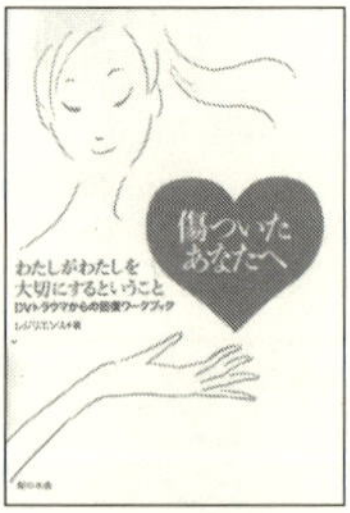


4-8166-0505-3

---

## 傷ついたあなたへ2
### わたしがわたしを幸せにするということ

NPO法人・レジリエンス著
A5判/85頁/定価1500円＋税

◆ロングセラー『傷ついたあなたへ』（３刷）の２冊目。
◆DV(パートナー間の暴力)が社会問題となって久しいが、一向になくならない。被害者の女性たちが傷つきから回復し、ゆっくりと自分と向きあって心の傷のケアをし、歩き出すためのワークブック

978-4-8166-1003-5

---

## 愛する、愛される
### ――デートDVをなくす・若者のためのレッスン7

山口のり子（アウェアDV行動変革プログラム・ファシリテーター）著
A5判/120頁/定価1200円＋税

愛されているとおもいこみ、暴力から逃げ出せなかった。愛する、愛されるってほんとうはどういうこと？　おとなの間だけでなく、若者の間にも広がっているデートＤＶをさけるために。若者のためのレッスン７。３刷

4-8166-0409-X

---

## 愛は傷つけない
### DV・モラハラ・熟年離婚――自立に向けてのガイドブック

DVカウンセラー　ノーラ・コーリ著
A5判/208頁/定価1700円＋税

●目次　DVとは何か、とくにことばによるいじめとは?●なぜDVが行われるのか、その理由は?●DVが起きている現実を踏まえ、今後どあしたらいい?●DV家庭で育つ子どもたちへの影響はどうなのか?●関係を続けるのならどのような心構えが必要か?●DVから回復するには?　さまざまな自立支援

DVは世界中で起きている。30年のキャリアをもつ日本人カウンセラー（在ニューヨーク）からのメッセージ。女性と男性へ、子どもたちへ。

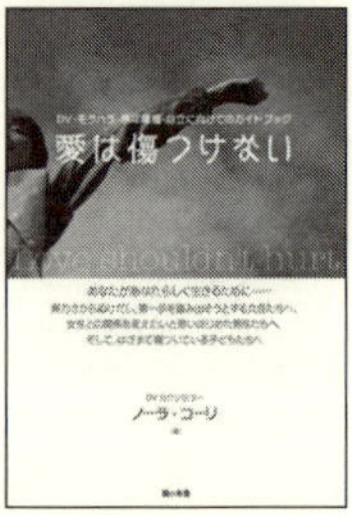


978-4-8166-0803-2

## 教科書に書かれなかった戦争

### ㊿歴史教育と歴史学の協働をめざして——
### ゆれる境界・国家・地域にどう向きあうか

坂井俊樹・浪川健治編著　森田武監修

A5判/418頁/定価3500円＋税

●目次　1章　境界と領域の歴史像　2章　地域　営みの場の広がりと人間
3章　交流のなかの東アジアと日本　4章　現代社会と歴史理解

歴史教育者である教師と、歴史研究者の交流・相互理解をすすめる対話と協働の書。今日の歴史教育を取り巻く状況を、「境界・国家・地域という視点から見つめなおす。

978-4-8166-0908-4

### ㊹アボジが帰るその日まで
### ——靖国神社へ合祀取消しを求めて——

李熙子（イ・ヒジャ）＋竹見智恵子/著

A5判/144頁/定価1500円＋税

●目次　第一章　イ・ヒジャ物語—日本で提訴するまでの足どり
第二章　江華島ふたり旅
資料編　イ・ヒジャさんの裁判をもっとよく理解するために

「わたしにはひとつだけどうしてもやりとげたいことがある。
それはアボジを靖国神社からとり戻し故郷の江華島に連れ帰ること」

978-4-8166-0909-1

### ㊺それでもぼくは生きぬいた
### 日本軍の捕虜になったイギリス兵の物語

シャーウィン裕子　著

四六判/248頁/定価1600円＋税

●目次　一話　戦争を恨んで人を憎まず——チャールズ・ビーデマン／二話　秘密の大学——フランク・ベル／三話　トンネルの先に光——鉄道マン、エリック・ローマックス／四話　工藤艦長に救われた——サム・フォール／五話　命を賭けた脱出、死刑寸前の救命——ジム・ブラッドリーとシリル・ワイルド

第２次世界大戦において日本軍の捕虜となり、その過酷な状況を生きぬいた６人のイギリス人将兵の物語。

978-4-8166-0910-7

### ㊻次世代に語りつぐ生体解剖の記憶
### ——元軍医湯浅謙さんの戦後

小林節子著

A5判190頁　定価1700円＋税

目次　１湯浅謙さんの証言　２生体解剖の告発—中国側の資料から　３山西省で
４中華人民共和国の戦犯政策　５帰国、そして医療活動再開

日中戦争下の中国で、日本軍は軍命により「手術演習」という名の「生体解剖」を行っていた。それは日常業務であり、軍医、看護婦、衛生兵など数千人が関わっていたと推定される。湯浅医師は、罪過を、自分に、国家に、問い続けた。

978-4-8166-1005-9

## 教科書に書かれなかった戦争

### ㊺クワイ河に虹をかけた男　元陸軍通訳永瀬隆の戦後

満田康弘著

四六判/264頁/定価1700円＋税

●目次　１章たったひとりの戦後処理　２章アジア人労務者
３章ナガセからの伝言　４章遠かったイギリス　５章最後の巡礼

永瀬隆は、1918年生まれ。日本陸軍憲兵隊の通訳として泰緬鉄道の建設に関わる。復員後、倉敷市で英語塾経営の傍ら、連合国捕虜１万３千人、アジア人労務者推定数万人の犠牲を出した「死の鉄道」の贖罪に人生を捧げる。タイ訪問は135回。本書は彼を20年にわたって取材してきた地元放送局記者の記録である。

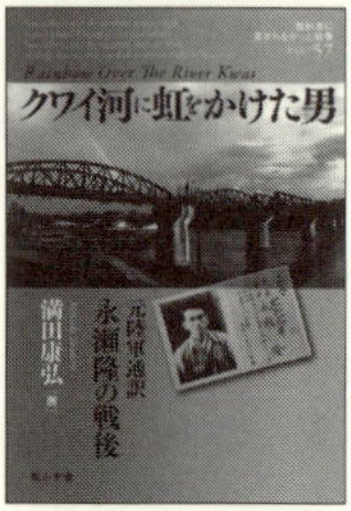


978-4-8166-1102-5

### ㊻ここがロードス島だ、ここで跳べ

**憲法・人権・靖国・歴史認識**

内田雅敏著

A5判/264頁/定価2200円＋税

●目次　１章二つの戦後を考える　２章靖国神社と大東亜聖戦史観
３章わたしたちは言論と表現の自由を手にしているか　４章裁判員制度はこのままでいいか？

本書からは、行動する弁護士・内田雅敏さんの覚悟と行動が立ちあがってくる。（鎌田慧）

978-4-8166-1103-2

### ㊼少女たちへのプロパガンダ

**――『少女倶楽部』とアジア太平洋戦争**

長谷川潮　著

四六判／144頁／定価1500円+税

目次　第一章　満州事変が起こされる　第二章　仮想の日米戦争
　　　第三章　支那事変に突入する　　第四章　太平洋戦争前夜
　　　第五章　破滅の太平洋戦争

テレビやインタネットの誕生以前は、雑誌が子どもたちの夢や憧れを育み、子どもと社会をつなぐ文化的チャンネルだった。アジア太平洋戦争の時代に軍が少女に求めたものは、「従軍看護婦」だった。

978-4-8166-1201-5

### ㊽花に水をやってくれないかい？

**――日本軍「慰安婦」にされたファン・クムジュの物語**

イ・ギュヒ　著／保田千世訳

四六判／164頁／定価1500円＋税

目次　507号室はなんだかヘンだ　鬼神ハルモニ　うっかりだまされていた　「イアンフ」って何？　変わってしまったキム・ウンビ　留守の家で　わたしの故郷　ソンペンイ　咸興のお母さん　汽車に乗って　生きのびなくてはお母さんになる　もう１度慰安婦ハルモニになって　他

植民地化の朝鮮で日本軍の慰安婦にされたファン・クムジュハルモニの半生を、10代の少女に向けて描いた物語。

978-4-8166-1204-6

## 天が崩れ落ちても　生き残れる穴はある
### ──二つの祖国と日本に生きて

李貞順　著

四六判上製／252頁／定価2000円＋税

目次　シカゴへ　私の子ども時代　日本をめざして　東京朝鮮中高級学校で　アメリカで生きる　父の物語　母の物語　朝鮮民族の命脈　エピローグ　あとがき

第４回地に舟をこげ・受賞作
1953年５月母に連れられて韓国・馬山を発ち日本へ、結婚後アメリカへ。二つの祖国と日本に生きた女性の半生の物語。

9784816612060

## 母から娘へ―ジェンダーの話をしよう

権仁淑　著　中野宣子訳　まん画・大越京子

A5／186頁／定価1800円＋税

目次　１つめの物語　女と男はどのようにつくられるのか　２つめの物語　母の犠牲はいつでも美しいか　３つめの物語　女は身体に支配されているか　４つめの物語　女と男の性、そして性暴力　５つめの物語　職場の女性たち、男性たち

「ソニ、カワイイって言われたい？」「うん、もちろん」
女の子や男の子の中で、ジェンダー意識はどうつくられるか。民主化運動をたたかった韓国の女性学研究者の母から娘への愛情あふれる語り。民主化を阻む最後の壁は、視えないジェンダー意識ではな〜い？

978-4-8166-1106-3

## イサム・オン・ザ・ロード

秋野亥左牟　文・画

A5判／180頁／定価2000円＋税

目次　僕の旅立ち　インド、ネパールへ　プンクマインチャと出会う　カトマンドゥで会おう　シベリアからヨーロッパ放浪へ　メキシコを経てバンクーバーへ　海で暮らす　文明時代の2000年は終わった　明治維新と日本近代の歪みを考える　呪術師ドン・ファンの自由　アニミズムは生き返る　文明をぬいで大宇宙へ　2011年３月11日を受けとめて　イサムへ　イサムと…　再び、イサムと…

フィンランドからモロッコまではヒッチハイク。行き先は車まかせ、風まかせ。退屈だったら、太鼓を打ち笛を吹く──

9784816612039

## 旅行ガイドにないアジアを歩く

## マレーシア

高嶋伸欣・関口竜一・鈴木　晶著

A5判変型192頁　定価2000円＋税

●目次　　１章マレーシアを知りたい　２章クアラ・ルンプールとその周辺　３章ペナン島とその周辺　４章ペラ州　５章マラッカとその周辺、６章ジョホール・バルとその周辺　７章マレー半島東海岸　８章東マレーシア

「マラッカ郊外の農村で村の食堂に入り手まねで注文した。待つ間に年配の店員が出てきて「日本人か」と聞いた。「それでは戦争中に日本軍がこのあたりで住民を大勢殺したのを知っているか」と。ここからわたしの長い旅がはじまった」（はじめに）

978-4-8166-1007-3